中国通信学会普及与教育工作委员会推荐教材

21世纪高职高专电子信息类[illegible]划教材
21 Shiji Gaozhi Gaozhuan Dianzi [illegible] Jiaocai

数字电子技术教程

李晓静 黄红飞 编著

Electronic Information

人民邮电出版社
北京

图书在版编目（CIP）数据

数字电子技术教程 / 李晓静，黄红飞编著. -- 北京：人民邮电出版社，2014.8（2023.9 重印）
21世纪高职高专电子信息类规划教材
ISBN 978-7-115-35698-7

Ⅰ. ①数… Ⅱ. ①李… ②黄… Ⅲ. ①数字电路－电子技术－高等职业教育－教材 Ⅳ. ①TN79

中国版本图书馆CIP数据核字(2014)第127289号

内容提要

本书将数字电子技术的理论和实践融合在一起，采用“贯穿项目为主体”的整体设计，通过实训项目带动理论课程的学习，全书内容包括抢答器开关电路的设计、 抢答器编译码显示电路的设计、抢答器锁存电路的设计、抢答器计时电路的设计、抢答器脉冲电路的设计和智能抢答器的设计和制作。

通过实训项目带动理论课程的学习，可以将抽象的理论和实际应用紧密地结合在一起，便于学生理解和掌握，从而提高学生学习、探索的兴趣。

本书是高职及成人教育专业基础教材，适用于通信、信息类专业使用。

◆ 编　著　李晓静　黄红飞
责任编辑　滑　玉
责任印制　彭志环　焦志炜

◆ 人民邮电出版社出版发行　　北京市丰台区成寿寺路 11 号
邮编　100164　　电子邮件　315@ptpress.com.cn
网址　http://www.ptpress.com.cn
北京七彩京通数码快印有限公司印刷

◆ 开本：787×1092　1/16
印张：9　　　　2014 年 8 月第 1 版
字数：222 千字　　　　2023 年 9 月北京第 11 次印刷

定价：25.00 元

读者服务热线：(010)81055256　印装质量热线：(010)81055316
反盗版热线：(010)81055315

前言

本书是根据教育部制定的《高职高专教育基础课程教学基本要求》和《高职高专教育专业人才培养目标及规格》的精神，结合当前高职学生学习理论知识的实际状况而编写的一本专业基础教材，供高等职业技术学院通信和信息专业使用。

本书突出数字电子技术的基本理论、基本知识、基本技能，以“必须、够用”为指导原则，从高等职业技术学院培养目标出发，体现“基础性+实用性”的特点。希望通过本书的学习，使学生获得数字电子技术的理论知识和基本技能，以培养学生分析问题和解决问题的能力，为学习相关专业课奠定理论基础。

本书以实训项目为主线进行课程设计，通过实训项目带动理论课程的学习，主要实训项目有：抢答器开关电路的设计、 抢答器编译码显示电路的设计、抢答器锁存电路的设计、抢答器计时电路的设计、抢答器脉冲电路的设计、智能抢答器的设计和制作。

本书充分考虑到高职学生数理基础的实际情况，将数字电子技术的理论和实践融合在一起，采用“贯穿项目为主体”的整体课程设计，以培养学生的综合应用能力；并将课程设计项目的每一部分以实训项目进行分解，这样就可以将抽象的理论和实际应用紧密地结合在一起，便于学生理解和掌握，使学生明白学习这门课的实际意义，从而提高学生学习、探索的兴趣，让学生在学中做、在做中学。

本书由李晓静、黄红飞编著，由于编者水平有限，编写时间仓促，书中疏漏之处在所难免，敬请读者批评指正。

编　者

目 录

项目 1
数字电路的基础知识

本项目的任务是学习数字电路的基础知识：数字信号、数制、码制、逻辑代数的基本关系、基本公式，以及逻辑函数的表示方法和化简方法；其重点是逻辑函数的表示方法和化简方法，它是数字电路的基本知识，也是学习本课程的基础。

学习本项目，要求理解数字电路的基本概念、掌握3种基本逻辑关系和几种常见的复合逻辑关系；能够正确表示逻辑函数；能够正确地对逻辑函数进行化简；会识读逻辑电路图。

1.1 数字电路概述

1.1.1 模拟信号和数字信号

在自然界中存在着各种各样的物理量，就其特点和变化规律而言，电子电路中的信号可以分为两大类：模拟信号和数字信号。

模拟信号是指时间连续、数值也连续的信号。如随时间连续变化的温度信号、声音信号和速度信号。

数字信号是指在时间上和数值上均离散的信号。如电子表的秒信号、生产流水线上记录零件个数的计数信号等。这些信号的变化发生在一系列离散的瞬间，其值也是离散的。

对数字信号进行处理的方式有多种，如数值运算、逻辑运算、计数、分频、编码、译码等，具有处理数字信号功能的电路称为数字电路。数字电路处理的信号只有两个离散值，常用数字 0 和 1 来表示。数字信号的 0 和 1 没有大小之分，只代表两种对立的状态，称为逻辑 0 和逻辑 1，也称为二值数字逻辑。

1.1.2 数字电路的特点和分类

1. 数字电路的特点

数字电路与模拟电路相比具有下列优点。

（1）由于数字电路是以二值数字逻辑为基础的，只有 0 和 1 两个基本数字，因此易于用电路来实现，例如可用二极管、三极管的导通与截止这两个对立的状态来表示数字信号的逻辑 0 和逻辑 1。

（2）由数字电路组成的数字系统精度较高、抗干扰能力强，通过整形可以很方便地去除叠加于传输信号上的噪声与干扰，还可利用差错控制技术对传输信号进行检错和纠错。

（3）数字电路不仅能完成数值运算，还可以进行逻辑运算，这在控制系统中是不可缺少的。

（4）数字信息便于长期保存，例如可将数字信息存入磁盘、光盘等介质中长期保存。

（5）数字集成电路产品系列多、通用性强、成本低。

数字电路具有一系列优点，因此在电子设备和电子系统中得到广泛地应用。计算器、计算机、电视机、音响系统、视频记录设备、长途电信、卫星系统等均采用了数字系统。

2. 数字电路的分类

按集成度分类，数字电路可分为小规模（SSI，每片数十器件）、中规模（MSI，每片数百器件）、大规模（LSI，每片数千器件）和超大规模（VLSI，每片器件数目大于 1 万）数字集成电路。

数字集成电路从应用的角度可分为通用型和专用型两大类。

1.2 数制与码制

人们把多位数码中每一位的构成方法以及从低位向高位的进位规则称为进位计数制，简称数制。在进位计数制中，同一个数码在不同的数位上所表示的数值是不同的。下面介绍进位计数制的两个概念：进位基数和数位的权值。

进位基数：在一个数位上，规定使用的数码符号的个数称为该进位计数制的进位基数，记作 R。例如十进制，每个数位规定使用的数码符号为 0，1，2，…，9，共 10 个，故其进位基数 $R = 10$。

数位的权值：某个数位上数码为 1 时所表征的数值，称为该数位的权值。各个数位的权值均可用 R^i 形式表示，其中 R 是进位基数，i 是各数位的序号。各数位的序号按下面方法确定：整数部分，以小数点为起点，自右向左依次为 0，1，2，…，$n-1$，n 是整数部分的位数；小数部分，以小数点为起点，自左向右依次为 -1，-2，…，$-m$，m 是小数部分的位数。

1.2.1 常见的数制

1. 十进制

十进制（Decimal）的数码为 0～9，基数是 10。十进制运算规律为“逢十进一”，即 $9+1=10$。十进制各位的权值为 10^0，10^1，10^2，…。

十进制数的按权展开式为

$$(N)_{10} = a_{n-1}\times 10^{n-1} + a_{n-2}\times 10^{n-2} + \cdots + a_2\times 10^2 + a_1\times 10^1 + a_0\times 10^0 + a_{-1}\times 10^{-1} + a_{-2}\times 10^{-2} + \cdots + a_{-m}\times 10^{-m}$$

例如

$$(209.04)_{10} = 2\times 10^2 + 0\times 10^1 + 9\times 10^0 + 0\times 10^{-1} + 4\times 10^{-2}$$

2. 二进制

二进制（Binary）的数码为 0、1，基数是 2。二进制运算规律为“逢二进一”，即

$1+1=10$。二进制各位的权值为 2^0，2^1，2^2，…。

二进制数的按权展开式为

$$(N)_2 = a_{n-1}\times 2^{n-1} + a_{n-2}\times 2^{n-2} + \cdots + a_2\times 2^2 + a_1\times 2^1 + a_0\times 2^0 \\ + a_{-1}\times 2^{-1} + a_{-2}\times 2^{-2} + \cdots + a_{-m}\times 2^{-m}$$

例如

$$(101.01)_2 = 1\times 2^2 + 0\times 2^1 + 1\times 2^0 + 0\times 2^{-1} + 1\times 2^{-2} = (5.25)_{10}$$

3．八进制

八进制（Octal）的数码为 0～7，基数是 8。八进制运算规律为“逢八进一”，即 $7+1=10$。八进制各位的权值为 8^0，8^1，8^2，…。

八进制数的按权展开式为

$$(N)_8 = a_{n-1}\times 8^{n-1} + a_{n-2}\times 8^{n-2} + \cdots + a_2\times 8^2 + a_1\times 8^1 + a_0\times 8^0 \\ + a_{-1}\times 8^{-1} + a_{-2}\times 8^{-2} + \cdots + a_{-m}\times 8^{-m}$$

例如

$$(207.04)_8 = 2\times 8^2 + 0\times 8^1 + 7\times 8^0 + 0\times 8^{-1} + 4\times 8^{-2} = (135.0625)_{10}$$

4．十六进制

十六进制（Hexadecimal）的数码为 0～9、A～F，基数是 16。十六进制运算规律为“逢十六进一”，即 $F+1=10$。十六进制各位的权值为 16^0，16^1，16^2，…。

十六进制数的按权展开式为

$$(N)_{16} = a_{n-1}\times 16^{n-1} + a_{n-2}\times 16^{n-2} + \cdots + a_2\times 16^2 + a_1\times 16^1 + a_0\times 16^0 \\ + a_{-1}\times 16^{-1} + a_{-2}\times 16^{-2} + \cdots + a_{-m}\times 16^{-m}$$

例如

$$(\mathrm{D8.A})_{16} = 13\times 16^1 + 8\times 16^0 + 10\times 16^{-1} = (216.625)_{10}$$

1.2.2　数制的相互转换

1．非十进制数转换成十进制数

将非十进制数写成按权展开的多项式，然后按十进制数的计数规则相加。

例 1.1　将二进制数 10011.101 转换成十进制数。

解：将二进制数按权展开，然后按十进制数相加。

$$(10011.101)_2 = 1\times 2^4 + 0\times 2^3 + 0\times 2^2 + 1\times 2^1 + 1\times 2^0 + 1\times 2^{-1} + 0\times 2^{-2} + 1\times 2^{-3} \\ = (19.625)_{10}$$

例 1.2　将十六进制数 7A.58 转换成十进制数。

解：将十六进制数按权展开，然后按十进制数相加。

$$(7\mathrm{A}.58)_{16} = 7\times 16^1 + 10\times 16^0 + 5\times 16^{-1} + 8\times 16^{-2} \\ = 112 + 10 + 0.3125 + 0.03125 \\ = (122.34375)_{10}$$

2. 十进制数转换成非十进制数

（1）整数部分的转换

将十进制数的整数部分转换成非十进制数，可用“除基数取余”法，每次除法的余数作为该非十进制数的一个数码，第一次除法的余数为该非十进制数的最低位，最后一次除法的余数为该非十进制数的最高位。

例 1.3 将十进制数 23 转换成二进制数。

解：根据“除 2 取余”法的原理，按图 1.1 所示的步骤转换则

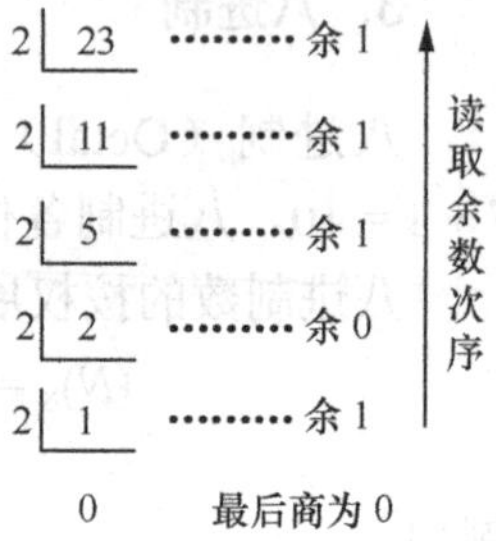

图 1.1 例 1.3 的转换步骤

$$(23)_{10} = (10111)_2$$

（2）小数部分的转换

将十进制数的纯小数部分转换成非十进制数，可用“乘基数取整”的方法，每次乘以基数后乘积的整数部分作为该非十进制数一个权位上的数值，第一次乘积中的整数位作为该非十进制小数部分的最高位。

例 1.4 将十进制数$(0.562)_{10}$转换成误差 ε 不大于 2^{-6} 的二进制数。

解：用“乘 2 取整”法，按如下步骤转换

取整数部分

$$0.562 \times 2 = 1.124 \cdots\cdots 1$$
$$0.124 \times 2 = 0.248 \cdots\cdots 0$$
$$0.248 \times 2 = 0.496 \cdots\cdots 0$$
$$0.496 \times 2 = 0.992 \cdots\cdots 0$$
$$0.992 \times 2 = 1.984 \cdots\cdots 1$$

由于最后的小数 0.984＞0.5，根据“四舍五入”的原则，a_{-6}应为 1，误差 $\varepsilon < 2^{-6}$，则

$$(0.562)_{10} = (0.100011)_2$$

3. 二进制数转换成十六进制数

由于十六进制基数为 16，而 $16 = 2^4$，4 位二进制数相当于 1 位十六进制数，因此，可用“4 位分组”法将二进制数转换为十六进制数。

例 1.5 将二进制数 1001101.100111 转换成十六进制数。

解：$(1001101.100111)_2 = (0100\ 1101.1001\ 1100)_2$
$= (4D.9C)_{16}$

同理，若将二进制数转换为八进制数，可将二进制数分为 3 位一组，再将每组的 3 位二进制数转换成一位八进制数即可。

4. 十六进制数转换成二进制数

由于每位十六进制数对应于 4 位二进制数，因此，将十六进制数转换成二进制数，只要将每一位十六进制数变成 4 位二进制数，再按位的高低依次排列即可。

例 1.6 将十六进制数 6E.3A5 转换成二进制数。

解：$(6E.3A5)_{16} = (0110\ 1110.0011\ 1010\ 0101)_2$

同理，若将八进制数转换为二进制数，只需将每一位八进制数变成3位二进制数，按位的高低依次排列即可。

1.2.3 码制

用二进制数表示数码、字母、符号等信息的过程称为编码。用来表示数码、字母、符号等信息的二进制数称为代码。

码制是指用代码表示数字或符号的编码方法。常见的二进制代码有：自然二进制码、二-十进制码、奇偶校验码、字符码等。

1. 自然二进制码

自然二进制码就是按自然数顺序排列的二进制码，如 0000，0001，0010，0011，…，1111 等。

2. 二-十进制码

二-十进制码，又称 BCD 码（Binary-Coded-Decimal），是用来表示十进制 0～9 十个数码的二进制代码，是最常用的代码。

要用二进制代码来表示十进制的 0～9 十个数码，至少需要 4 位二进制数。4 位二进制数共有 16 种组合，选择哪 10 种组合分别表示十进制的 0～9 十个数码，有许多种方案，这就形成了不同的 BCD 码。常用的 BCD 码有 8421 码、2421 码、5421 码、余 3 码、格雷码等，如表 1.1 所示。

表 1.1 常用 BCD 码

十进制数	8421码	2421码	5421码	余3码	格雷码
0	0000	0000	0000	0011	0000
1	0001	0001	0001	0100	0001
2	0010	0010	0010	0101	0011
3	0011	0011	0011	0110	0010
4	0100	0100	0100	0111	0110
5	0101	1011	1000	1000	0111
6	0110	1100	1001	1001	0101
7	0111	1101	1010	1010	0100
8	1000	1110	1011	1011	1100
9	1001	1111	1100	1100	1000
位权	8421	2421	5421	无权	无权

注意：BCD 码是用 4 位二进制数表示 1 位十进制数。如果是多位十进制数，应先将每一位用 BCD 码表示，然后组合起来。

例 1.7 将十进制数 83 分别用 8421 码、2421 码和余 3 码表示。

解：由表 1.1 可得

$(83)_{10} = (1000\ 0011)_{8421码} = (1110\ 0011)_{2421码} = (1011\ 0110)_{余3码}$

3. 字符代码

通信设备和计算机在进行信息交换、处理和数据传输时，为满足各种格式的需要，采用了多种符号和字母，对各个字母和符号进行编制的二进制代码，称为字符代码。字符代码的种类繁多，目前在计算机和数字通信系统中被广泛采用的是美国标准信息交换码（简称ASCII 码），如表 1.2 所示。

表 1.2　　　　　　　　　　ASCII 码

$D_6D_5D_4$ / $D_3D_2D_1D_0$	000	001	010	011	100	101	110	111
0000	NUL	DLE	SP	0	@	P	、	p
0001	SOH	DC1	!	1	A	Q	a	q
0010	STX	DC2	“	2	B	R	b	r
0011	ETX	DC3	#	3	C	S	c	s
0100	EOT	DC4	$	4	D	T	d	t
0101	ENQ	NAK	%	5	E	U	e	u
0110	ACK	SYN	&	6	F	V	f	v
0111	BEL	ETB	’	7	G	W	g	w
1000	BS	CAN	(	8	H	X	h	x
1001	HT	EM	)	9	I	Y	i	y
1010	LF	SUB	*	:	J	Z	j	z
1011	VT	ESC	+	;	K	[	k	{
1100	FF	FS	,	<	L	\	l	|
1101	CR	GS	-	=	M	]	m	]
1110	SO	RS	.	>	N	^	n	～
1111	SI	US	/	?	O	_	o	DEL

1.3 逻辑代数基础

数字电路实现的是逻辑关系，逻辑关系是指某事物的条件（或原因）与结果之间的关系；逻辑关系常用逻辑代数来描述。

1. 逻辑代数的常量和变量

逻辑代数中的常量只有“0”和“1”两个，称为逻辑常量。逻辑代数中的“0”和“1”不再表示数值的大小，而是代表两种不同的逻辑状态。例如可以用 “1”和“0”分别表示开关的“闭合”和“断开”、信号的“有”和“无”、“高电平”与“低电平”、“真”与“假”等，究竟代表什么意义，要视具体对象而定。

逻辑代数中的变量用大写英文字母 A，B，C，…表示，称为逻辑变量。每个逻辑变量的取值只有“0”和“1”两种。

2. 正逻辑和负逻辑的规定

脉冲信号的高、低电平可以用“1”和“0”来表示。规定：如果高电平用“1”来表示，低电平用“0”来表示，则称这种表示方法为正逻辑；反之，高电平用“0”来表示，低电平用“1”来表示，则称这种表示方法为负逻辑。本书如果无特殊声明，均采用正逻辑。

1.3.1　基本逻辑关系

数字电路的逻辑代数只有“与”、“或”、“非”3 种基本逻辑关系。

1.“与”逻辑

只有当决定一件事情的条件全部具备之后，这件事情才会发生，我们把这种因果关系称为“与”逻辑，又称为“与”运算。

如图 1.2（a）所示电路中，A、B 为两个开关，L 为灯，只有两个开关都闭合时，“灯亮”这件事情才会发生。如果把“开关闭合”作为条件，把“灯亮”作为结果，那么图 1.2（a）说明：只有决定某件事情的所有条件都具备时，才有结果发生，这种条件与结果之间的关系就是“与”逻辑关系，用运算符号 “·”表示。

（1）如果用二值逻辑“0”和“1”表示，设“1”表示“开关闭合”或“灯亮”；“0”表示“开关不闭合”或“灯不亮”，则得到如图 1.2（b）所示的表格，称为逻辑真值表。

（2）若用逻辑表达式来描述，则可写为$L = A \cdot B$或$L = AB$。

“与”逻辑的规则为：输入全“1”，输出为“1”；输入有“0”，输出为“0”。

（3）在数字电路中能实现“与”逻辑的电路称为“与”门电路，其逻辑符号如图 1.2（c）所示。

“与”逻辑可以推广到多变量：$L = A \cdot B \cdot C \cdot \cdots$。

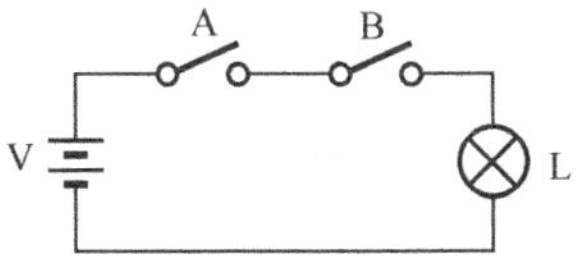

（a）电路图

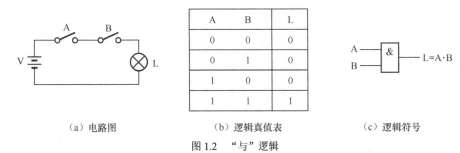

A	B	L
0	0	0
0	1	0
1	0	0
1	1	1

（b）逻辑真值表

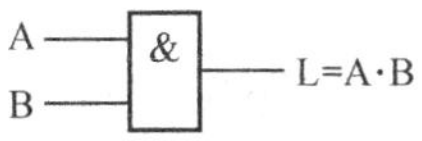

（c）逻辑符号

图 1.2　“与”逻辑

2.“或”逻辑

当决定一件事情的几个条件中，只要有一个或一个以上条件具备，这件事情就会发生，我们把这种因果关系称为“或”逻辑，又称为“或”运算。

如图 1.3（a）所示电路中，只要有一个（或一个以上）的开关闭合，“灯亮”这件事情都会发生。同样把“开关闭合”作为条件，把“灯亮”作为结果，那么图 1.3（a）说明：决定某件事情的多个条件中，只要有一个条件具备，就有结果发生。这种条件与结果之间的关系称为“或”逻辑关系，用运算符号“＋”表示。

“或”逻辑的真值表如图 1.3（b）所示，若用逻辑表达式来描述，则可写为

$$L = A + B$$

“或”逻辑的规则为：输入全“0”，输出为“0”；输入有“1”，输出为“1”。

在数字电路中能实现“或”逻辑的电路称为“或”门电路，其逻辑符号如图 1.3（c）所示。

“或”逻辑也可以推广到多变量：L=A+B+C+ …。

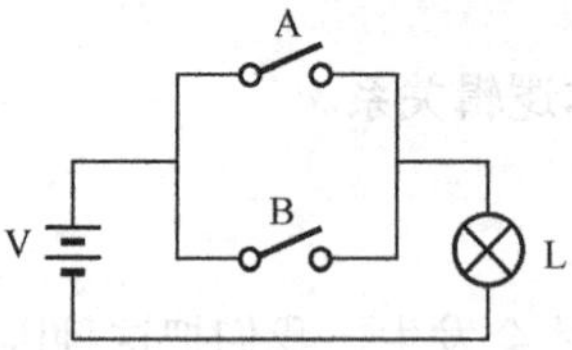

（a）电路图

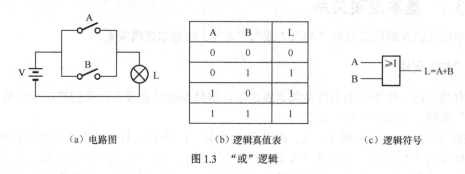

A	B	L
0	0	0
0	1	1
1	0	1
1	1	1

（b）逻辑真值表

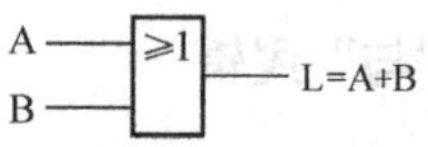

（c）逻辑符号

图 1.3 “或”逻辑

3.“非”逻辑

事情发生与否，仅取决于一个条件，而且是对该条件的否定，即条件具备时事情不发生，条件不具备时事情才发生，这种因果关系称为“非”逻辑，又称为“非”运算或逻辑反。

如图 1.4（a）所示的电路，当开关 A 闭合时，灯不亮；而当 A 不闭合时，灯亮。“非”逻辑的真值表如图 1.4（b）所示。

若用逻辑表达式来描述，则可写为

$$L = \overline{A}$$

“非”逻辑的规则为

$$\overline{0} = 1，\ \overline{1} = 0$$

在数字电路中实现“非”逻辑的电路称为“非”门电路，其逻辑符号如图 1.4（c）所示。

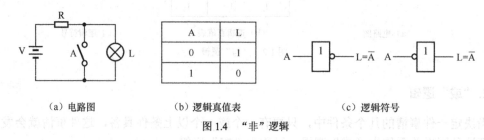

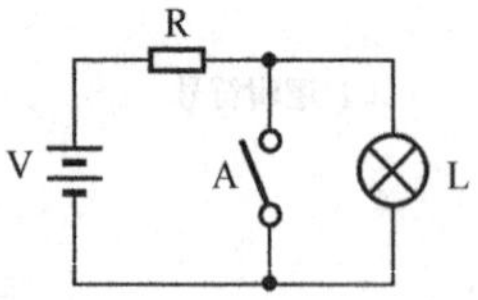

（a）电路图

A	L
0	1
1	0

（b）逻辑真值表

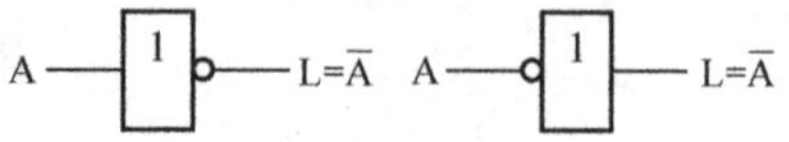

（c）逻辑符号

图 1.4 “非”逻辑

1.3.2 常用逻辑关系

任何复杂的逻辑关系都可以由上述三种基本逻辑关系组合而成。在实际应用中，为了减少逻辑门的数目，使数字电路的设计更方便，还常常使用其他几种常用逻辑关系。

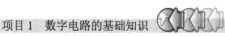

1. “与非”逻辑

“与非”逻辑由“与”逻辑和“非”逻辑组合而成，先进行“与”运算，再将“与”运算的结果进行“非”运算。“与非”逻辑的真值表和逻辑符号如图 1.5 所示。

“与非”逻辑的表达式为

$$L=\overline{A\cdot B}$$

2. “或非”逻辑

“或非”逻辑由“或”逻辑和“非”逻辑组合而成，先进行“或”运算，再将“或”运算的结果进行“非”运算。“或非”逻辑的真值表和逻辑符号如图 1.6 所示。

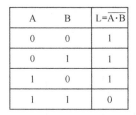

A	B	$L=\overline{A\cdot B}$
0	0	1
0	1	1
1	0	1
1	1	0

（a）逻辑真值表

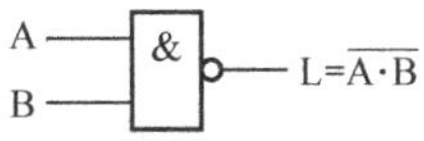

（b）逻辑符号

图 1.5　“与非“逻辑

A	B	$L=\overline{A+B}$
0	0	1
0	1	0
1	0	0
1	1	0

（a）逻辑真值表

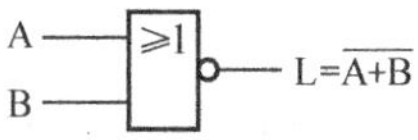

（b）逻辑符号

图 1.6　“或非”逻辑

“或非”逻辑的表达式为

$$L=\overline{A+B}$$

3. “异或”逻辑

“异或”是一种二变量逻辑运算，当两个变量取值相同时，逻辑函数值为“0”；当两个变量取值不同时，逻辑函数值为“1”。“异或”逻辑的真值表和逻辑符号如图 1.7 所示。

“异或”逻辑的表达式为

$$L=A\oplus B=A\overline{B}+\overline{A}B$$

4. “同或”逻辑

“同或”也是一种二变量逻辑运算，它的逻辑运算规律与“异或”相反。当两个变量取值不相同时，逻辑函数值为“0”；当两个变量取值相同时，逻辑函数值为“1”。“同或”逻辑的真值表和逻辑符号如图 1.8 所示。

A	B	$L=A\oplus B$
0	0	0
0	1	1
1	0	1
1	1	0

（a）逻辑真值表

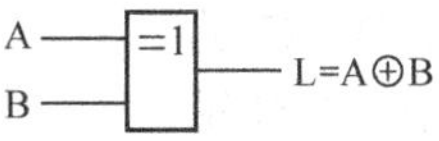

（b）逻辑符号

图 1.7　“异或”逻辑

A	B	$L=A\odot B$
0	0	1
0	1	0
1	0	0
1	1	1

（a）逻辑真值表

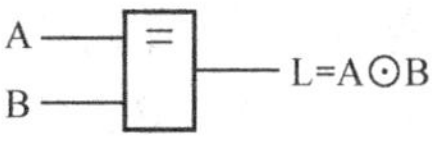

（b）逻辑符号

图 1.8　“同或”逻辑

“同或”逻辑的表达式为

$$L = A \odot B = AB + \overline{A}\,\overline{B}$$

由“异或”逻辑和“同或”逻辑的真值表可知，两变量的“异或”逻辑和“同或”逻辑互为反函数。以“异或”和“同或”的逻辑定义为依据，可推出多变量的“异或”和“同或”逻辑功能，其结论如下：

（1）奇数个变量的“异或”，等于这奇数个变量的“同或”；而偶数个变量的“异或”，等于这偶数个变量的“同或”之非。

例如　$A \oplus B \oplus C = A \odot B \odot C$

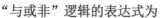

$$A \oplus B = \overline{A \odot B} \qquad A \oplus B \oplus C \oplus D = \overline{A \odot B \odot C \odot D}$$

（2）奇数个“1”相“异或”的结果为“1”；偶数个“1”相“异或”的结果为“0”。利用此特性，可用作奇偶校验码校验位的产生电路，也可用作奇偶校验码接收端的检测电路。

5．“与或非”逻辑

“与或非”逻辑由“与”、“或”和“非”三种基本逻辑组合而成，先进行“与”运算，再进行“或”运算，最后将“或”运算的结果进行“非”运算。“与或非”逻辑的逻辑符号如图 1.9 所示。

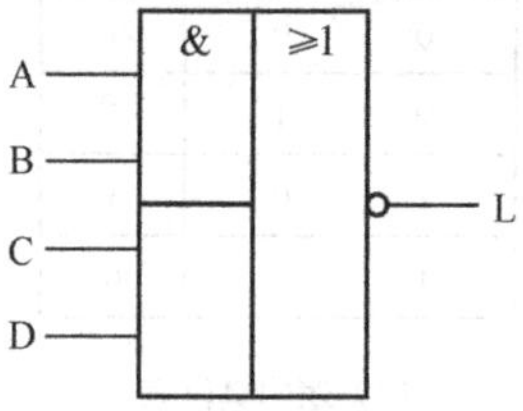

图 1.9　“与或非”逻辑

“与或非”逻辑的表达式为

$$L = \overline{AB + CD}$$

1.3.3　逻辑函数及其表示方法

描述逻辑关系的函数称为逻辑函数，前面讨论的“与”、“或”、“非”、“与非”、“或非”、“异或”等都是逻辑函数。逻辑函数是从生活和生产实践中抽象出来的，只有那些能明确用“是”或“否”作出回答的事物，才能定义为逻辑函数。

1．逻辑函数的建立

例 1.8　三个人表决一件事情，结果按“少数服从多数”的原则决定，试建立该逻辑函数。

解：（1）设置自变量和因变量。将三人的意见设置为自变量 A、B、C，并规定只能有同意或不同意两种意见；将表决结果设置为因变量 L，显然也只有这两种情况。

（2）状态赋值。对于自变量 A、B、C，设同意为逻辑“1”，不同意为逻辑“0”；对于因变量 L，设事情通过为逻辑“1”，没通过为逻辑“0”。

（3）根据题意及上述规定列出逻辑函数的真值表，如表 1.3 所示。

表 1.3　例 1.8 真值表

A	B	C	L
0	0	0	0
0	0	1	0
0	1	0	0
0	1	1	1
1	0	0	0
1	0	1	1
1	1	0	1
1	1	1	1

由真值表可以看出，当自变量 A、B、C 确定后，因变量 L 的值就完全确定了。所以，L 就是 A、B、C 的函数。A、B、C 称为输入逻辑变量，L 称为输出逻辑变量。

一般地说，若输入逻辑变量 A、B、C…的取值确定之后，输出逻辑变量 L 的值也唯一地确定，则称 L 是 A、B、C…的逻辑函数，写作

$$L = f(A,B,C\cdots)$$

逻辑函数与普通代数中的函数相比较，有两个突出的特点：

（1）逻辑变量和逻辑函数只能取“0”和“1”两个值。

（2）函数和变量之间的关系是由“与”、“或”、“非”3种基本运算决定的。

2. 逻辑函数的表示方法

一个逻辑函数有真值表、逻辑表达式、逻辑图和卡诺图4种表示方法，这里先介绍前面3种。

（1）真值表

真值表是将输入逻辑变量的各种可能取值和相应的函数值排列在一起而组成的表格；为避免遗漏，各变量的取值组合应按照二进制递增的次序排列。

真值表的特点：

① 真值表能直观地表示逻辑函数，输入变量取值一旦确定后，即可在真值表中查出相应的函数值。

② 把一个实际的逻辑问题抽象成一个逻辑函数时，使用真值表是最方便的；在设计逻辑电路时，常常先根据设计要求列出真值表。

③ 当变量比较多时，真值表较大，显得过于繁琐。

（2）逻辑表达式

逻辑表达式就是由逻辑变量和“与”、“或”、“非”3种运算符号所构成的表达式。

由真值表可以转换出逻辑表达式，其方法是：首先在真值表中依次找出函数值等于1的变量组合，取值为“1”的变量用原变量表示，取值为“0”的变量用反变量表示，将组合中各个变量相乘，这样，对应于函数值为“1”的每一个变量组合就可以写成一个乘积项；再将这些乘积项相加，就得到相应的逻辑表达式。

用此方法可以写出表1.3中“三人表决”函数的逻辑表达式

$$L = \overline{A}BC + A\overline{B}C + AB\overline{C} + ABC$$

由表达式也可以转换成真值表，其方法是：先画出真值表的表格，将变量及变量的所有取值组合按照二进制递增的次序列入表格左边；然后根据逻辑表达式，依次对变量的各种取值组合进行运算，求出相应的函数值，填入表格右边对应的位置，即可得到真值表。

例1.9 列出函数$L = A\cdot B + \overline{A}\cdot\overline{B}$的真值表。

解：该函数有两个变量，有4种取值组合，将它们按顺序排列起来即得真值表，如表1.4所示。

表1.4 $L = A\cdot B + \overline{A}\cdot\overline{B}$的真值表

A	B	L
0	0	1
0	1	0
1	0	0
1	1	1

（3）逻辑图

逻辑图是由逻辑符号及它们之间的连线构成的图形。由逻辑表达式可以画出其相应的逻辑图；由逻辑图也可以写出其相应的逻辑表达式。

例1.10 画出逻辑函数$L = A\cdot B + \overline{A}\cdot\overline{B}$的逻辑图。

解：如图1.10所示。

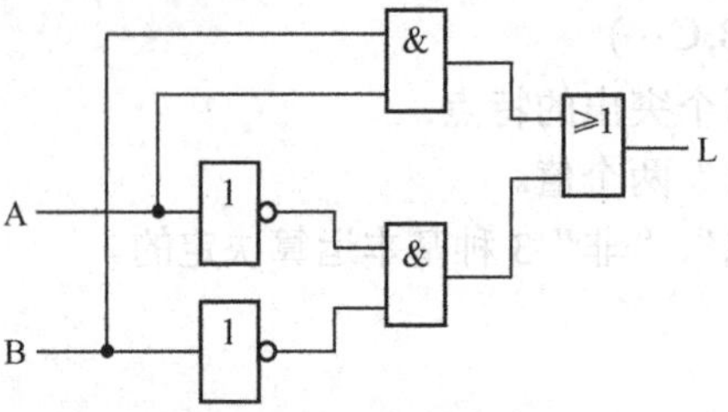

图 1.10 例 1.10 的逻辑图

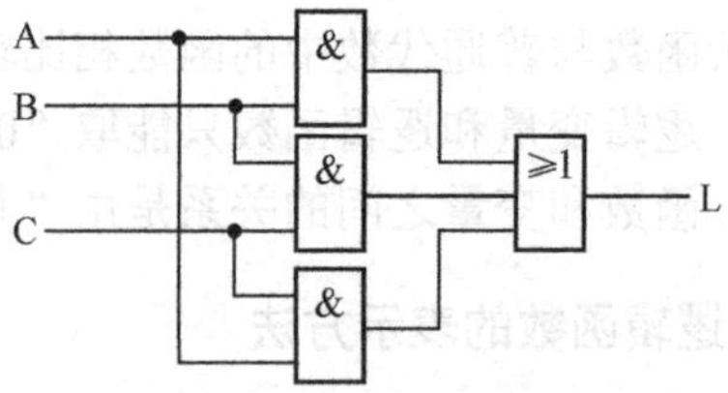

图 1.11 例 1.11 的逻辑图

例 1.11 写出如图 1.11 所示逻辑图的逻辑表达式。

解： 该逻辑图是由“与”、“或”逻辑符号组成的，由输入至输出逐步写出逻辑表达式

$$L = AB + BC + AC$$

1.4 逻辑代数的基本定律和规则

逻辑代数和普通代数一样，有一套完整的运算规则，包括公理、定理和定律，利用它们可以对电路进行简化、变换、分析与设计。

1.4.1 逻辑代数的基本公式

逻辑代数包括 9 个定律，其中有的定律与普通代数相似，有的定律与普通代数不同，使用时切勿混淆，表 1.5 列出了逻辑代数常用的基本公式。

表 1.5 逻辑代数的基本公式

名称	公式 1	公式 2
0-1 律	$A \cdot 0 = 0$ $A \cdot 1 = A$	$A + 0 = A$ $A + 1 = 1$
互补律	$A\overline{A} = 0$	$A + \overline{A} = 1$
重叠律	$AA = A$	$A + A = A$
交换律	$AB = BA$	$A + B = B + A$
结合律	$A(BC) = (AB)C$	$A + (B + C) = (A + B) + C$
分配律	$A(B + C) = AB + AC$	$A + BC = (A + B)(A + C)$
反演律	$\overline{AB} = \overline{A} + \overline{B}$	$\overline{A + B} = \overline{A} \cdot \overline{B}$
吸收律	$A(A + B) = A$ $A(\overline{A} + B) = AB$ $(A + B)(\overline{A} + C)(B + C) = (A + B)(\overline{A} + C)$	$A + AB = A$ $A + \overline{A}B = A + B$ $AB + \overline{A}C + BC = AB + \overline{A}C$
非非律	$\overline{\overline{A}} = A$	

（1）表 1.5 中略为复杂的公式可用其他简单的公式来证明。

例 1.12 证明吸收律：$A+\overline{A}B=A+B$

证： $A+\overline{A}B=A(B+\overline{B})+\overline{A}B$

$=AB+A\overline{B}+\overline{A}B$

$=AB+AB+A\overline{B}+\overline{A}B$

$=A(B+\overline{B})+B(A+\overline{A})$

$=A+B$

（2）表 1.5 中的公式还可以用真值表来证明，即检验等式两边函数的真值表是否一致。

例 1.13 用真值表证明反演律：$\overline{A\cdot B}=\overline{A}+\overline{B}$ 和 $\overline{A+B}=\overline{A}\cdot\overline{B}$

证： 分别列出公式等号两边函数的真值表，如表 1.6 和表 1.7 所示。

表 1.6　证明 $\overline{A\cdot B}=\overline{A}+\overline{B}$

A	B	$\overline{A\cdot B}$	$\overline{A}+\overline{B}$
0	0	1	1
0	1	1	1
1	0	1	1
1	1	0	0

表 1.7　证明 $\overline{A+B}=\overline{A}\cdot\overline{B}$

A	B	$\overline{A+B}$	$\overline{A}\cdot\overline{B}$
0	0	1	1
0	1	0	0
1	0	0	0
1	1	0	0

（3）反演律又称摩根定律，常用于逻辑函数的变换，是非常重要的公式。

以下是反演律的两个变形公式，也是经常使用的。

$$A\cdot B=\overline{\overline{A}+\overline{B}} \qquad A+B=\overline{\overline{A}\cdot\overline{B}}$$

1.4.2　逻辑代数的常用公式

逻辑代数的常用公式是利用基本公式导出的，直接运用这些导出公式可以给化简逻辑函数带来很大方便。

1. $A+A\cdot B=A$

证： $A+A\cdot B=A\cdot(1+B)=A\cdot 1=A$

上式说明：两个乘积项相加时，若其中一项以另一项为因子，则该项是多余的，可以直接删去。

2. $A+\overline{A}\cdot B=A+B$

证： $A+\overline{A}\cdot B=(A+\overline{A})(A+B)=1\cdot(A+B)=A+B$

这一结果表明：两个乘积项相加时，如果其中一项取反后是另一项的因子，则此因子是多余的，可以消去。

3. $A\cdot B+A\cdot\overline{B}=A$

证： $A\cdot B+A\cdot\overline{B}=A(B+\overline{B})=A\cdot 1=A$

这个公式的含意是：当两个乘积项相加时，若它们分别包含如 B 和 $\overline{B}$ 两个相反因子，而其他因子相同，则这两项定能合并，且可将两个相反因子消去。

4. $A \cdot (A+B)=A$

证：$A \cdot (A+B)=A \cdot A+A \cdot B=A+A \cdot B=A \cdot (1+B)=A \cdot 1=A$

该式说明：变量 A 与包含 A 的加项相乘时，其结果等于 A，即可以将加项消掉。

5. $A \cdot B+\overline{A} \cdot C+B \cdot C=A \cdot B+\overline{A} \cdot C$

证：$A \cdot B+\overline{A} \cdot C+B \cdot C$

$=A \cdot B+\overline{A} \cdot C+B \cdot C(A+\overline{A})$

$=A \cdot B+\overline{A} \cdot C+A \cdot B \cdot C+\overline{A} \cdot B \cdot C$

$=A \cdot B \cdot (1+C)+\overline{A} \cdot C \cdot (1+B)$

$=A \cdot B+\overline{A} \cdot C$

这个公式说明：若两个乘积项中分别包含如 A 和 $\overline{A}$ 两个相反因子，而第三项由这两个乘积项的其余因子组成，则第三个乘积项是多余的，可以消去。

6. $A \cdot \overline{A \cdot B}=A \cdot \overline{B}$

证：$A \cdot \overline{A \cdot B}=A \cdot (\overline{A}+\overline{B})=A \cdot \overline{A}+A \cdot \overline{B}=A \cdot \overline{B}$

上式说明：当 A 和一个乘积项的非相乘，且 A 为乘积项的因子时，乘积项中 A 这个因子可以消去。

7. $\overline{A} \cdot \overline{A \cdot B}=\overline{A}$

证：$\overline{A} \cdot \overline{A \cdot B}=\overline{A} \cdot (\overline{A}+\overline{B})=\overline{A} \cdot \overline{A}+\overline{A} \cdot \overline{B}=\overline{A} \cdot (1+\overline{B})=\overline{A}$

上式表明：当 $\overline{A}$ 和一个乘积项的非相乘，且 A 为乘积项的因子时，其结果就等于 $\overline{A}$。

1.4.3 逻辑代数的基本规则

1. 代入规则

代入规则的基本内容是：对于任何一个逻辑等式，以某个逻辑变量或逻辑函数同时取代等式两端的任何一个逻辑变量后，其等式依然成立。

利用代入规则可以扩展基本公式的应用范围。

例如，在反演律 $\overline{AB}=\overline{A}+\overline{B}$ 中用 BC 去代替等式中的 B，则新的等式仍成立。

$$\overline{ABC}=\overline{A}+\overline{BC}=\overline{A}+\overline{B}+\overline{C}$$

2. 对偶规则

对于任何一个逻辑函数 L，如果将其中的“•”换成“+”，“+”换成“•”；“0”换成“1”，“1”换成“0”；保持原先的逻辑优先级，则所得函数式叫做 L 的对偶式，用 L′ 表示。根据对偶规则可知，如果两个逻辑函数的表达式相等，则它们的对偶式也一定相等。

利用对偶规则可以帮助我们减少公式的记忆量。例如表 1.5 中的公式 1 和公式 2 就互为对偶，只需记住一边的公式就可以了，利用对偶规则，可以得出另一边的公式。

例 1.14　求逻辑函数 $L=\overline{A}C+B$ 的对偶式。

解： $L'=(\overline{A}+C)\cdot B$

3. 反演规则

对于任何一个逻辑函数 L，如果将其中的“•”换成“ + ”，“ + ”换成“•”；“0”换成“1”，“1”换成“0”；原变量换成反变量，反变量换成原变量；长非号即两个或两个以上变量的非号不变，保持原先的逻辑优先级，则所得函数式叫做 L 的反函数，用 $\overline{L}$ 表示。

利用反演规则，可以非常方便地求得一个函数的反函数。

例 1.15　求逻辑函数 $L=\overline{A}C+B\overline{D}$ 的反函数。

解： $\overline{L}=(A+\overline{C})\cdot(\overline{B}+D)$

例 1.16　求逻辑函数 $L=A\cdot\overline{B+C+\overline{D}}$ 的反函数。

解： $\overline{L}=\overline{A}+\overline{\overline{B}\cdot\overline{C}\cdot D}$

应用反演规则求反函数时，要注意以下两点：

（1）保持运算的优先顺序不变，必要时加括号表明，如例 1.15。

（2）变换时，多个变量（两个或两个以上）的公共非号保持不变，如例 1.16。

1.5　逻辑函数的代数化简法

1.5.1　逻辑函数式的常见形式

逻辑函数式的形式是多种多样的，一个逻辑问题可以用多种形式的逻辑函数式来表示，每一种函数式对应一种逻辑电路，并且可以相互转换。常见的逻辑函数式主要有以下 5 种形式。

例如

$$L=AC+\overline{A}B \qquad \text{“与-或”表达式}$$

$$=(A+B)(\overline{A}+C) \qquad \text{“或-与”表达式}$$

$$=\overline{\overline{AC}\cdot\overline{\overline{A}B}} \qquad \text{“与非-与非”表达式}$$

$$=\overline{\overline{A+B}+\overline{\overline{A}+C}} \qquad \text{“或非-或非”表达式}$$

$$=\overline{A\overline{C}+\overline{A}\,\overline{B}} \qquad \text{“与-或-非”表达式}$$

在上述多种表达式中，“与-或”表达式是逻辑函数的最基本表达形式；因此，在化简逻辑函数时，通常是将逻辑函数式化简成最简“与-或”表达式，然后再根据需要转换成其他形式。

最简“与-或”表达式的标准：

(1)“或”项最少，即表达式中“+”号最少；

(2) 每个“与”项包含的变量数最少，即表达式中“•”号最少。

1.5.2 逻辑函数的代数化简法

用代数法化简逻辑函数，就是直接利用逻辑代数的基本公式和基本规则进行化简。

1. 并项法

运用公式$A+\overline{A}=1$，可将两项合并为一项，消去一个变量。

例 1.17 化简逻辑函数$L=AB\overline{C}+ABC$

解：$L=AB\overline{C}+ABC=AB(\overline{C}+C)=AB$

例 1.18 化简逻辑函数$L=A(BC+\overline{B}\,\overline{C})+A(B\overline{C}+\overline{B}C)$

解：$L=A(BC+\overline{B}\,\overline{C})+A(B\overline{C}+\overline{B}C)$

$=ABC+A\overline{B}\,\overline{C}+AB\overline{C}+A\overline{B}C$

$=AB(C+\overline{C})+A\overline{B}(C+\overline{C})$

$=AB+A\overline{B}$

$=A(B+\overline{B})$

$=A$

2. 吸收法

运用吸收律$A+AB=A$，可消去多余的“与”项。

例 1.19 化简逻辑函数$L=A\overline{B}+A\overline{B}(C+DE)$

解：$L=A\overline{B}+A\overline{B}(C+DE)=A\overline{B}$

3. 消去法

运用吸收律$A+\overline{A}B=A+B$，可消去多余的因子。

例 1.20 化简逻辑函数$L=AB+\overline{A}C+\overline{B}C$

解：$L=AB+\overline{A}C+\overline{B}C$

$=AB+(\overline{A}+\overline{B})C$

$=AB+\overline{AB}C$

$=AB+C$

例 1.21 化简逻辑函数$L=\overline{A}+AB+\overline{B}E$

解：$L=\overline{A}+AB+\overline{B}E$

$=\overline{A}+B+\overline{B}E$

$=\overline{A}+B+E$

4. 配项法

先通过乘以$A+\overline{A}$（$=1$）或加上$A\overline{A}$（$=0$），增加必要的乘积项，再用以上方法

化简。

例 1.22　化简逻辑函数 $L = A\overline{B} + \overline{A}B + B\overline{C} + \overline{B}C$

解： $L = A\overline{B} + \overline{A}B + B\overline{C} + \overline{B}C$

$= A\overline{B}(C + \overline{C}) + \overline{A}B + (A + \overline{A})B\overline{C} + \overline{B}C$

$= A\overline{B}C + A\overline{BC} + \overline{A}B + AB\overline{C} + \overline{A}B\overline{C} + \overline{B}C$

$= (A\overline{B}C + \overline{B}C) + (\overline{A}B + \overline{A}B\overline{C}) + (A\overline{B}\,\overline{C} + AB\overline{C})$

$= \overline{B}C + \overline{A}B + A\overline{C}$

在化简逻辑函数时，要灵活运用上述方法，才能将逻辑函数化为最简。

例 1.23　化简逻辑函数 $L = A\overline{B} + A\overline{C} + A\overline{D} + ABCD$

解： $L = A(\overline{B} + \overline{C} + \overline{D}) + ABCD = A\overline{BCD} + ABCD = A(\overline{BCD} + BCD) = A$

例 1.24　化简逻辑函数 $L = AD + A\overline{D} + AB + \overline{A}C + BD + A\overline{B}EF + \overline{B}EF$

解： $L = A + AB + \overline{A}C + BD + A\overline{B}EF + \overline{B}EF$　　（利用 $A + \overline{A} = 1$）

$= A + \overline{A}C + BD + \overline{B}EF$　　（利用 $A + AB = A$）

$= A + C + BD + \overline{B}EF$　　（利用 $A + \overline{A}B = A + B$）

例 1.25　化简逻辑函数 $L = AB + A\overline{C} + \overline{B}C + \overline{C}B + \overline{B}D + \overline{D}B + ADE(F + G)$

解： $L = A\overline{\overline{B}C} + \overline{B}C + \overline{C}B + \overline{B}D + \overline{D}B + ADE(F + G)$　　（利用反演律）

$=A+\overline{B}C+\overline{C}B+\overline{B}D+\overline{D}B+ADE(F+G)$　　（利用 $A+\overline{A}B=A+B$）

$=A+\overline{B}C+\overline{C}B+\overline{B}D+\overline{D}B$　　（利用 $A+AB=A$）

$=A+\overline{B}C(D+\overline{D})+\overline{C}B+\overline{B}D+\overline{D}B(C+\overline{C})$　　（配项法）

$=A+\overline{B}CD+\overline{B}C\overline{D}+\overline{C}B+\overline{B}D+\overline{D}BC+\overline{D}B\overline{C}$

$=A+\overline{B}C\overline{D}+\overline{C}B+\overline{B}D+\overline{D}BC$　　（利用 $A+AB=A$）

$=A+C\overline{D}(\overline{B}+B)+\overline{C}B+\overline{B}D$

$=A+C\overline{D}+\overline{C}B+\overline{B}D$　　（利用 $A+\overline{A}=1$）

例 1.26　化简逻辑函数 $L=A\overline{B}+B\overline{C}+\overline{B}C+\overline{A}B$

解法 1：$L=A\overline{B}+B\overline{C}+\overline{B}C+\overline{A}B+A\overline{C}$　　（增加冗余项 $A\overline{C}$）

$=A\overline{B}+\overline{B}C+\overline{A}B+A\overline{C}$　　（消去 1 个冗余项 $B\overline{C}$）

$=\overline{B}C+\overline{A}B+A\overline{C}$　　（再消去 1 个冗余项 $A\overline{B}$）

解法 2：$L=A\overline{B}+B\overline{C}+\overline{B}C+\overline{A}B+\overline{A}C$　　（增加冗余项 $\overline{A}C$）

$=A\overline{B}+B\overline{C}+\overline{A}B+\overline{A}C$　　（消去 1 个冗余项 $\overline{B}C$）

$=A\overline{B}+B\overline{C}+\overline{A}C$　　（再消去 1 个冗余项 $\overline{A}B$）

由上例可知，逻辑函数的化简结果不是唯一的。

代数化简法的特点是：

（1）不受变量数目的限制；

（2）没有固定的步骤可循，需要熟练运用各种公式和定理；

（3）需要一定的技巧和经验，有时很难判定化简结果是否最简。

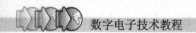

1.6 逻辑函数的卡诺图化简法

本节介绍一种比代数法更简便、更直观地化简逻辑函数的方法。它是美国工程师卡诺（Karnaugh）发明的一种图形法，所以称为卡诺图化简法。

1.6.1 逻辑函数的最小项

1. 最小项的定义

在 n 个变量的逻辑函数中，包含全部变量的乘积项称为最小项，其中每个变量在该乘积项中可以原变量的形式出现，也可以反变量的形式出现，但只能出现一次。n 变量逻辑函数的全部最小项共有 2^n 个。

三变量逻辑函数 $L = f(A,B,C)$ 的最小项共有 $2^3 = 8$ 个，列入表 1.8 中。

表 1.8　三变量逻辑函数的最小项及编号

最　小　项	变 量 取 值 A B C	编　　号
$\overline{A}\,\overline{B}\,\overline{C}$	0 0 0	m_0
$\overline{A}\,\overline{B}C$	0 0 1	m_1
$\overline{A}B\overline{C}$	0 1 0	m_2
$\overline{A}BC$	0 1 1	m_3
$A\overline{B}\,\overline{C}$	1 0 0	m_4
$A\overline{B}C$	1 0 1	m_5
$AB\overline{C}$	1 1 0	m_6
ABC	1 1 1	m_7

2. 最小项的基本性质

表 1.9 所示为三变量全部最小项的真值表，从表中可以看出最小项具有以下几个性质：

表 1.9　三变量全部最小项的真值表

变　量	m_0	m_1	m_2	m_3	m_4	m_5	m_6	m_7
A B C	$\overline{A}\,\overline{B}\,\overline{C}$	$\overline{A}\,\overline{B}C$	$\overline{A}B\overline{C}$	$\overline{A}BC$	$A\overline{B}\,\overline{C}$	$A\overline{B}C$	$AB\overline{C}$	ABC
0 0 0	1	0	0	0	0	0	0	0
0 0 1	0	1	0	0	0	0	0	0
0 1 0	0	0	1	0	0	0	0	0
0 1 1	0	0	0	1	0	0	0	0
1 0 0	0	0	0	0	1	0	0	0
1 0 1	0	0	0	0	0	1	0	0
1 1 0	0	0	0	0	0	0	1	0
1 1 1	0	0	0	0	0	0	0	1

（1）对于任意一个最小项，只有一组变量取值使它的值为“1”，而其余各种变量取值均使它的值为“0”；

（2）不同的最小项，使其值为“1”的那组变量取值也不同；

（3）对于变量的任一组取值，任意两个最小项的乘积为“0”；

（4）对于变量的任一组取值，所有最小项之和为“1”。

3．逻辑函数的最小项表达式

任何一个逻辑函数都可以转换为一组最小项之和，称为最小项表达式。

例 1.27　将逻辑函数 $L(A,B,C)=AB+\overline{A}C$ 转换成最小项表达式。

解： 该逻辑函数有三个变量，而表达式中每项只包含两个变量，不是最小项。要将函数式转换为最小项表达式，应补齐缺少的变量，办法是将各项乘以“1”，如 AB 项乘以 $(C+\overline{C})$。

$$
\begin{aligned}
L(A,B,C)&=AB+\overline{A}C\\
&=AB(C+\overline{C})+\overline{A}C(B+\overline{B})\\
&=ABC+AB\overline{C}+\overline{A}BC+\overline{A}\,\overline{B}C\\
&=m_7+m_6+m_3+m_1
\end{aligned}
$$

为了简化最小项表达式，可用最小项下标编号来表示各个最小项，故上式也可写成

$$L(A,B,C)=\sum m(1,3,6,7)$$

若逻辑函数不是“与-或”表达式，应先将其变成“与-或”表达式，再按上述方法将逻辑函数变换成最小项表达式；若式中有很长的非号时，可先把长非号去掉。

例 1.28　将逻辑函数 $F(A,B,C)=AB+\overline{AB+\overline{AB}+\overline{C}}$ 转换成最小项表达式。

解：

$$
\begin{aligned}
F(A,B,C)&=AB+\overline{AB+\overline{A}\,\overline{B}+\overline{C}}\\
&=AB+\overline{AB}\cdot\overline{\overline{A}}\,\overline{\overline{B}}\cdot C\\
&=AB+(\overline{A}+\overline{B})(A+B)C\\
&=AB+\overline{A}BC+A\overline{B}C\\
&=AB(C+\overline{C})+\overline{A}BC+A\overline{B}C\\
&=ABC+AB\overline{C}+\overline{A}BC+A\overline{B}C\\
&=m_7+m_6+m_3+m_5\\
&=\sum m(3,5,6,7)
\end{aligned}
$$

1.6.2　用卡诺图表示逻辑函数

1．最小项卡诺图的组成

（1）二变量卡诺图

A \ B	0	1
0	$\overline{A}\,\overline{B}$	$\overline{A}B$
1	$A\overline{B}$	AB

（a）

A \ B	0	1
0	0	1
1	2	3

（b）

（2）三变量卡诺图

A \ BC	00	01	11	10
0	$\bar{A}\bar{B}\bar{C}$	$\bar{A}\bar{B}C$	$\bar{A}BC$	$\bar{A}B\bar{C}$
1	$A\bar{B}\bar{C}$	$A\bar{B}C$	ABC	$AB\bar{C}$

（a）

A \ BC	00	01	11	10
0	0	1	3	2
1	4	5	7	6

（b）

（3）四变量卡诺图

AB \ CD	00	01	11	10
00	$\bar{A}\bar{B}\bar{C}\bar{D}$	$\bar{A}\bar{B}\bar{C}D$	$\bar{A}\bar{B}CD$	$\bar{A}\bar{B}C\bar{D}$
01	$\bar{A}B\bar{C}\bar{D}$	$\bar{A}B\bar{C}D$	$\bar{A}BCD$	$\bar{A}BC\bar{D}$
11	$AB\bar{C}\bar{D}$	$AB\bar{C}D$	$ABCD$	$ABC\bar{D}$
10	$A\bar{B}\bar{C}\bar{D}$	$A\bar{B}\bar{C}D$	$A\bar{B}CD$	$A\bar{B}C\bar{D}$

（a）

AB \ CD	00	01	11	10
00	0	1	3	2
01	4	5	7	6
11	12	13	15	14
10	8	9	11	10

（b）

仔细观察以上卡诺图，可以发现卡诺图具有很强的相邻性：

（1）直观相邻性，只要小方格在几何位置上相邻（不管上下左右），它代表的最小项在逻辑上一定是相邻的；

（2）对边相邻性，即与中心轴对称的左右两边和上下两边的小方格也具有相邻性。

2．用卡诺图表示逻辑函数

（1）从真值表到卡诺图

例 1.29 某逻辑函数的真值表如表 1.10 所示，用卡诺图表示该逻辑函数。

解：该函数为三变量，先画出三变量卡诺图，然后根据表 1.10 将 8 个最小项 L 的取值“0”或者“1”填入卡诺图对应的 8 个小方格中即可，如图 1.12 所示。

表 1.10 真值表

A	B	C	L
0	0	0	0
0	0	1	0
0	1	0	0
0	1	1	1
1	0	0	0
1	0	1	1
1	1	0	1
1	1	1	1

（2）从逻辑函数式到卡诺图

① 如果逻辑函数式为最小项表达式，则只要将函数式中出现的最小项在卡诺图对应的小方格中填入“1”，没出现的最小项则在卡诺图对应的小方格中填入“0”。

例 1.30 用卡诺图表示逻辑函数 $F=\bar{A}\,\bar{B}\,\bar{C}+\bar{A}BC+AB\bar{C}+ABC$

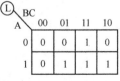

L: A \ BC	00	01	11	10
0	0	0	1	0
1	0	1	1	1

图 1.12 例 1.29 的卡诺图

解：该逻辑函数为三变量的最小项表达式，写成简化形式 $F=m_0+m_3+m_6+m_7$，画出三变量卡诺图，将卡诺图中 m_0,m_3,m_6,m_7 对应的小方格填“1”，其他小方格填“0”，如图 1.13 所示。

② 如果逻辑函数式不是最小项表达式，只是“与-或”表达式，可先将其转化成最小项表达式，再填写卡诺图；也可直接填写卡诺图。

直接填写卡诺图的方法是：分别找出每一个“与”项所包含的所有小方格，将其填入“1”；其余的小方格，填入“0”。

③ 如果逻辑函数式不是“与-或”表达式，可先将其转化成“与-或”表达式，再填写卡诺图。

例 1.31　用卡诺图表示逻辑函数 $G = A\overline{B} + B\overline{C}D$

解： 该逻辑函数有四个变量，先画出四变量卡诺图，再按上述方法填写卡诺图，如图 1.14 所示。

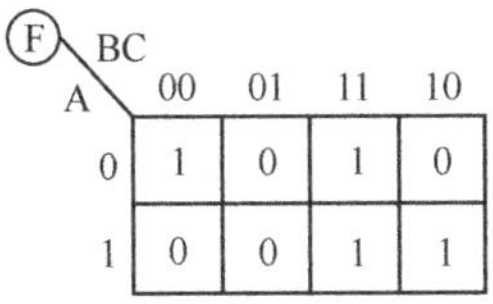

图 1.13　例 1.30 的卡诺图

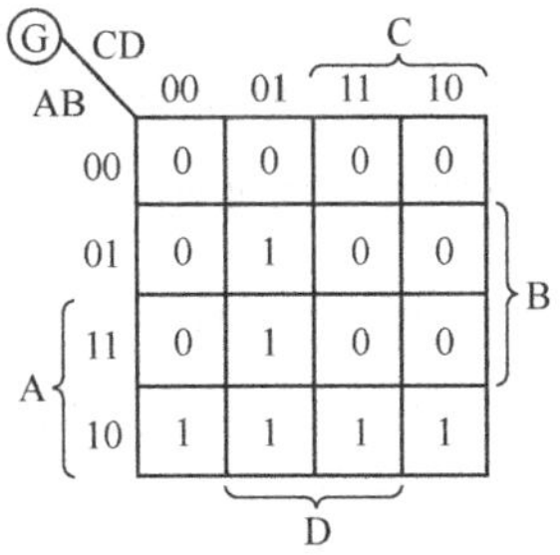

图 1.14　例 1.31 的卡诺图

1.6.3　用卡诺图化简逻辑函数

1. 卡诺图化简逻辑函数的原理

卡诺图化简逻辑函数的依据是基本公式 $A + \overline{A} = 1$ 和常用公式 $AB + A\overline{B} = A$。因为卡诺图中最小项的排列符合相邻性规则，所以可以直接在卡诺图上合并最小项，从而达到化简逻辑函数的目的。

（1）合并最小项的规则

① 如果相邻的两个小方格同时为“1”，可以合并为一个两格组（用包围圈圈起来），合并后可以消去一个取值互补的变量，留下的是取值不变的变量，如图 1.15 所示。

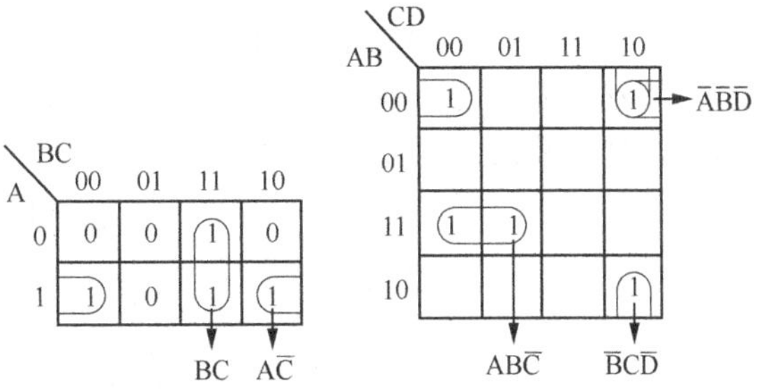

图 1.15　合并两格组

② 如果相邻的四个小方格同时为“1”，可以合并为一个四格组，合并后可以消去两个取值互补的变量，留下的是取值不变的变量，如图 1.16 所示。

③ 如果相邻的八个小方格同时为“1”，可以合并为一个八格组，合并后可以消去三个取值互补的变量，留下的是取值不变的变量，如图 1.17 所示。

（2）画包围圈的原则

① 包围圈的个数要尽可能的少（因为一个包围圈代表一个乘积项）；

② 包围圈要尽可能的大（因为包围圈越大，可消去的变量越多，相应的乘积项就越简单）；

③ 每画一个包围圈至少包括一个新的“1”格，否则该包围圈是多余的；

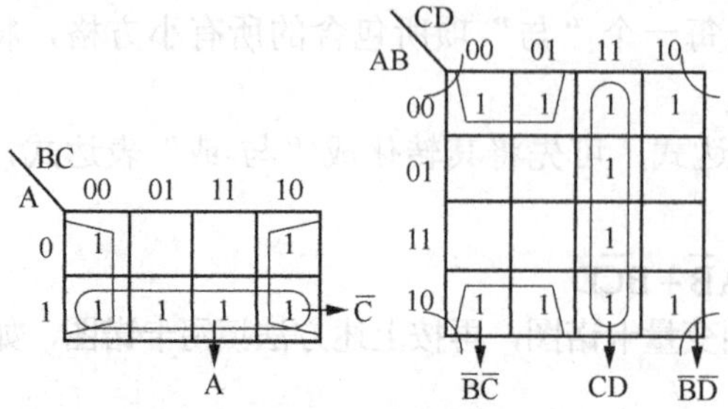

图 1.16　合并四格组

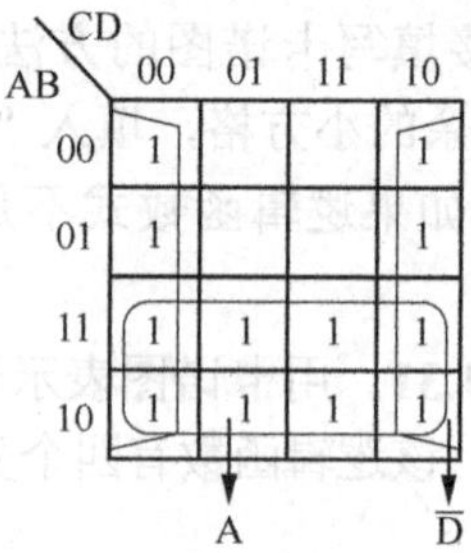

图 1.17　合并八格组

④ 所有的“1”格都要被包围圈圈到。

2．用卡诺图化简逻辑函数的步骤

（1）画出逻辑函数的卡诺图；

（2）合并相邻的最小项，即根据前述原则画包围圈；

（3）写出化简后的表达式。

每一个包围圈对应一个最简“与”项，其规则是：取值为“1”的变量用原变量表示，取值为“0”的变量用反变量表示，将这些变量相“与”；然后将所有“与”项进行逻辑加，即得到最简的“与-或”表达式。

表 1.11　　例 1.32 真值表

A	B	C	L
0	0	0	0
0	0	1	1
0	1	0	1
0	1	1	1
1	0	0	1
1	0	1	1
1	1	0	1
1	1	1	0

例 1.32　某逻辑函数的真值表如表 1.11 所示，用卡诺图化简该逻辑函数。

解法 1：（1）由真值表画出卡诺图，如图 1.18 所示；

（2）画包围圈合并最小项，如图 1.18（a）所示，得到化简后的“与-或”表达式

$$L=\overline{B}C+\overline{A}B+A\overline{C}$$

解法 2：画包围圈合并最小项，如图 1.18（b）所示，得到化简后的“与-或”表达式

$$L=A\overline{B}+B\overline{C}+\overline{A}C$$

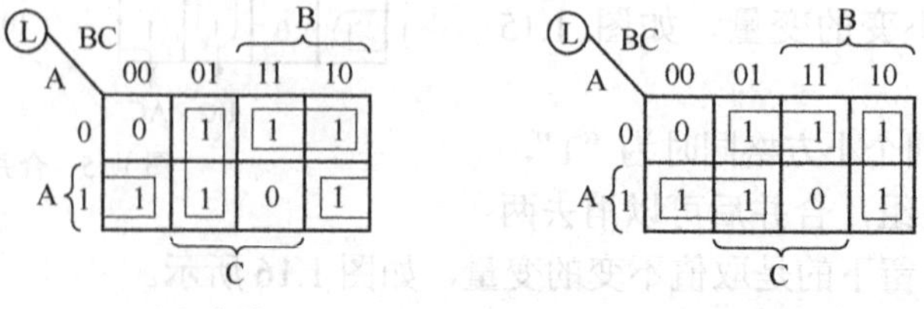

（a）解法 1　　（b）解法 2

图 1.18　例 1.32 卡诺图

通过这个例子可以看出：一个逻辑函数的真值表是唯一的，卡诺图也是唯一的，但化简结果有时不是唯一的。

例 1.33　用卡诺图化简逻辑函数 L（A,B,C,D）$=\sum m$（0,2,3,4,6,7,10,11,13,14,15）

解：（1）由函数式画出卡诺图，如图 1.19 所示；

（2）画包围圈合并最小项，得化简后的“与-或”表达式

$$L = C + \overline{A}\,\overline{D} + ABD$$

注意：图中的包围圈$\overline{A}\,\overline{D}$是利用了对边相邻性。

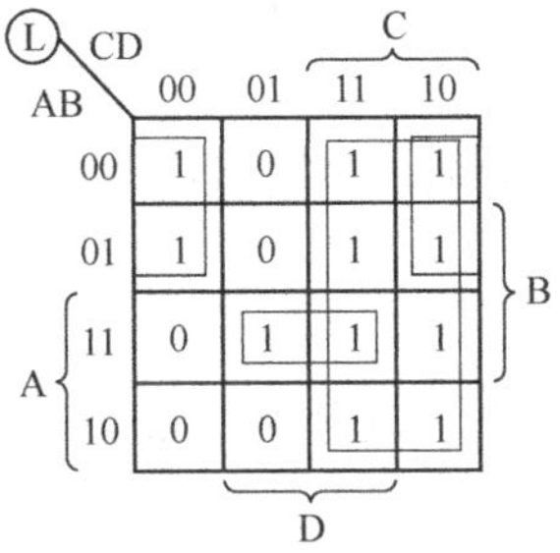

图 1.19　例 1.33 卡诺图

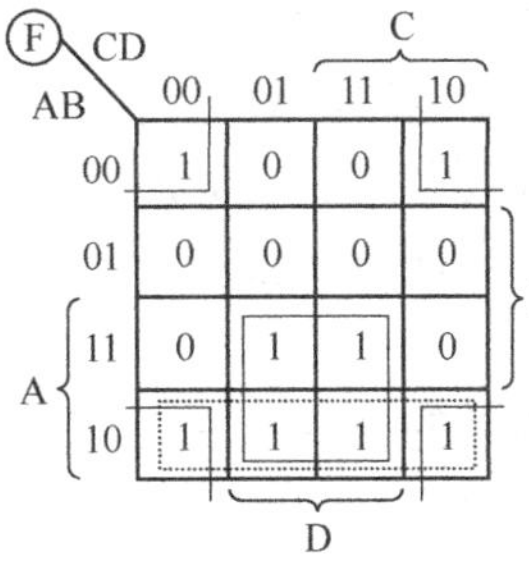

图 1.20　例 1.34 卡诺图

例 1.34　用卡诺图化简逻辑函数$F = AD + A\overline{B}\,\overline{D} + \overline{A}\,\overline{B}\,\overline{C}\,\overline{D} + \overline{A}\,\overline{B}C\overline{D}$

解：（1）由函数式画出卡诺图，如图 1.20 所示；

（2）画包围圈合并最小项，得化简后的“与-或”表达式

$$F = AD + \overline{B}\,\overline{D}$$

注意：图中虚线包围圈是多余的，应去掉；图中包围圈$\overline{B}\,\overline{D}$是利用了四角相邻性。

1.6.4　具有无关项的逻辑函数及其化简

1．什么是无关项

例 1.35　在十字路口有红、绿、黄三色交通信号灯，规定红灯亮停，绿灯亮行，黄灯亮等一等，试分析车行与三色信号灯之间的逻辑关系。

解：设红、绿、黄灯分别用 A、B、C 表示，且灯亮为“1”，灯灭为“0”；车用 L 表示，车行为“1”，车停为“0”，列出该逻辑函数的真值表如表 1.12 所示。

表 1.12　例 1.35 真值表

A（红灯）	B（绿灯）	C（黄灯）	L（车）
0	0	0	×
0	0	1	0
0	1	0	1
0	1	1	×
1	0	0	0
1	0	1	×
1	1	0	×
1	1	1	×

显而易见，在这个逻辑函数中，有 5 个最小项是不会出现的，如$\overline{A}\,\overline{B}\,\overline{C}$（三个灯都不亮）、$AB\overline{C}$（红灯、绿灯同时亮）等。因为一个正常的交通灯系统不可能出现这些情况，如果出现了，车可以行也可以停，即函数值任意。

在有些逻辑函数中，输入变量的某些取值组合不会出现，或者一旦出现，函数值可以是任意值，这样的取值组合所对应的最小项称为无关项，又称任意项或约束项，在卡诺图中用符号 × 来表示其函数值。

带有无关项的逻辑函数的最小项表达式为

$$L = \sum m(\quad) + \sum d(\quad)$$

如例 1.35 的逻辑函数式可写成

$$L = \sum m(2) + \sum d(0,3,5,6,7)$$

2．具有无关项的逻辑函数的化简

化简具有无关项的逻辑函数时，要充分利用无关项可以当“0”也可以当“1”的特点，尽量扩大包围圈，使逻辑函数更简。

例 1.35 的卡诺图如图 1.21 所示，如果不考虑无关项，包围圈只能包含一个最小项，如图 1.21（a）所示，写出表达式为

$$L=\overline{A}B\overline{C}$$

如果将与它相邻的 3 个无关项当作“1”，则包围圈可包含 4 个最小项，如图 1.21（b）所示，写出表达式为

$$L=B$$

其含义为：只要绿灯亮，车就行。

注意：在考虑无关项时，哪些无关项当作“1”，哪些无关项当作“0”，要以尽量扩大包围圈、减少包围圈个数，使逻辑函数更简为原则。

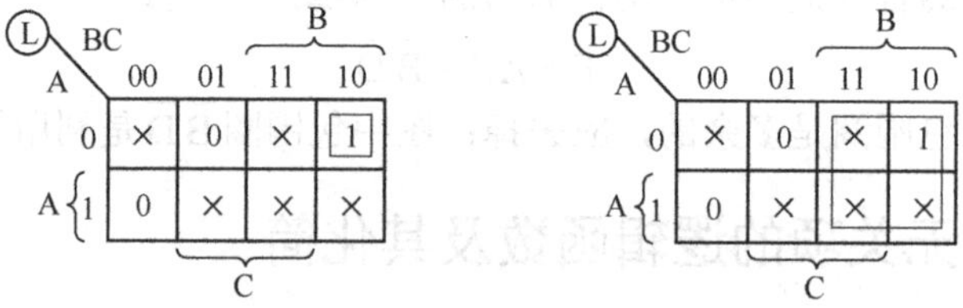

（a）不考虑无关项　　　　（b）考虑无关项

图 1.21　例 1.35 的卡诺图

例 1.36　化简具有约束条件的逻辑函数 $F=\overline{A}B\overline{C}+\overline{B}\overline{C}$，其约束条件为 $AB=0$。

解：用代数法对具有约束条件的逻辑函数进行化简时，可以先将约束项加到逻辑函数式中，再进行化简；若化简后得到的最简表达式含有约束项，再将约束项去掉。

$$\begin{aligned}F&=\overline{A}B\overline{C}+\overline{B}\overline{C}+AB\\&=\overline{C}(\overline{A}B+\overline{B})+AB\\&=\overline{C}(\overline{A}+\overline{B})+AB\\&=\overline{C}\,\overline{AB}+AB\\&=\overline{C}+AB\\&=\overline{C}\end{aligned}$$

例 1.37 化简具有约束条件的逻辑函数

$$F(A,B,C,D)=\sum m(0,2,3,5,6,7,8,9)，\quad AB+AC=0\quad (约束条件)$$

解：由约束条件，可得

$$\begin{aligned}AB+AC&=AB(C+\overline{C})(D+\overline{D})+AC(B+\overline{B})(D+\overline{D})\\&=ABCD+ABC\overline{D}+AB\overline{C}D+AB\overline{C}\,\overline{D}+ABCD+ABC\overline{D}+A\overline{B}CD+A\overline{B}C\overline{D}\\&=ABCD+ABC\overline{D}+AB\overline{C}D+AB\overline{C}\,\overline{D}+A\overline{B}CD+A\overline{B}C\overline{D}\\&=\sum d(10,11,12,13,14,15)\end{aligned}$$

将最小项用“1”填入，约束项用“ × ”填入，画出卡诺图如图 1.22 所示；利用约束项

化简逻辑函数，得化简后的逻辑表达式

$$F(A,B,C,D)=A+C+\overline{B}\overline{D}+BD$$

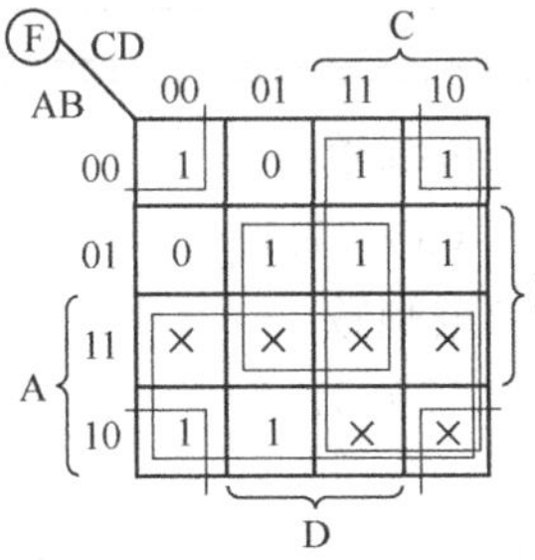

图 1.22　例 1.37 的卡诺图

项目小结

1．数字信号的数值相对于时间变化过程是跳变的、间断的；对数字信号进行传输、处理的电子线路称为数字电路。模拟信号可通过模数转换变成数字信号，再用数字电路进行传输和处理。

2．我们日常生活中使用的是十进制，但在计算机中主要使用二进制，有时也使用八进制或十六进制。利用公式可将任意进制数转换为十进制数，也可将十进制数转换为任意进制数。

将十进制数转换为其他进制数时，整数部分采用“除基数取余”法，小数部分采用“乘基数取整”法。

1 位八进制数可由 3 位二进制数构成，1 位十六进制数可由 4 位二进制数构成，因此可实现二进制数与八进制数以及二进制数与十六进制数之间的相互转换。

二进制代码不仅可以表示数值，而且可以表示符号及文字，使信息交换灵活方便。BCD 码是用 4 位二进制代码表示 1 位十进制数的编码。BCD 码有多种表示形式，最常用的是 8421 BCD 码。

3．逻辑代数是分析和设计数字电路的重要工具。利用逻辑代数，可以把实际逻辑问题抽象为逻辑函数来描述，并且可以运用逻辑运算的方法，解决逻辑电路的分析和设计问题。

“与”、“或”、“非”是 3 种基本逻辑关系，也是 3 种基本逻辑运算。“与非”、“或非”、“同或”、“异或”等则是由“与”、“或”、“非”3 种基本逻辑运算复合而成的常用逻辑运算。

逻辑代数的公式和定理是推演、变换及化简逻辑函数的依据。

4．逻辑函数的化简法有代数法和卡诺图法。

代数法利用逻辑代数的公式、定理和规则对逻辑函数进行化简，这种方法适用于各种复杂的逻辑函数，但需要熟练地运用公式和定理，且具有一定的运算技巧。

卡诺图法利用逻辑函数的卡诺图对逻辑函数进行化简，这种方法简单直观，容易掌握，但变量太多时卡诺图复杂，卡诺图法也不适用。在对逻辑函数进行化简时，充分利用无关项可以得到十分简单的结果。

习题一

1-1．将下列的二进制数转换成十进制数。

（1）1011　（2）10101　（3）11111　（4）100001

1-2．将下列的十进制数转换成二进制数。

（1）8　（2）27　（3）31　（4）100

1-3．完成下列数制的转换。

（1）$(255)_{10}=(\quad)_2=(\quad)_{16}=(\quad)_{8421BCD}$

（2）$(11010)_2=(\quad)_{16}=(\quad)_{10}=(\quad)_{8421BCD}$

（3）$(3FF)_{16}=(\quad)_2=(\quad)_{10}=(\quad)_{8421BCD}$

（4）$(1000\ 0011\ 0111)_{8421BCD}=(\quad)_{10}=(\quad)_2=(\quad)_{16}$

1-4．设$Y_1=\overline{AB}$，$Y_2=\overline{A+B}$，$Y_3=A\oplus B$，已知 A、B 的波形如题图 1-1 所示，试画出 Y_1、Y_2、Y_3 对应 A、B 的波形。

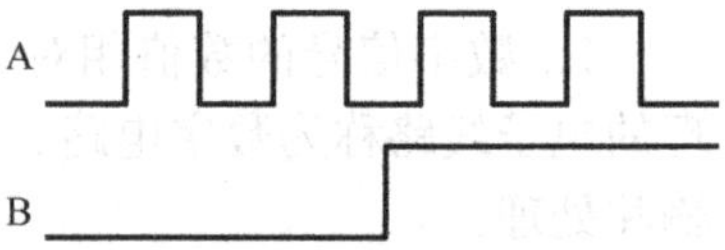

题图 1-1

1-5．利用真值表证明下列等式。

（1）$A\bar{B}+\bar{A}B=(\bar{A}+\bar{B})(A+B)$

（2）$A+\overline{\bar{A}(B+C)}=A+\overline{B+C}$

1-6．利用公式和定理证明下列等式。

（1）$ABC+A\bar{B}C+AB\bar{C}=AB+AC$

（2）$\overline{A\oplus B}=A\oplus\bar{B}=\bar{A}\oplus B=\overline{AB}+AB$

（3）$ABCD+\bar{A}\,\bar{B}\,\bar{C}\,\bar{D}=\overline{A\bar{B}+B\bar{C}+C\bar{D}+D\bar{A}}$

1-7．将下列函数展开为最小项表达式。

（1）$Y(A,B,C)=AB+AC$

（2）$Y(A,B,C,D)=AD+BC\bar{D}+\bar{A}\,\bar{B}C$

1-8．用代数法将下列函数化简成为最简“与-或”表达式。

（1）$Y=\overline{AB}C+\bar{A}BC+AB\bar{C}+ABC$

（2）$Y=AC\bar{D}+AB\bar{D}+BC+\bar{A}CD+ABD$

（3）$Y=A(\bar{A}+B)+B(B+C)+B$

（4）$Y=\overline{\overline{A\bar{B}+ABC}+A(B+A\bar{B})}$

1-9．求下列函数的反函数，并将求出的反函数化简成为最简“与-或”表达式。

（1）$Y=(A+\bar{B})\overline{C+\bar{D}}$

（2）$Y=\overline{AB}+(AB+A\bar{B}+\bar{A}B)C$

1-10．用卡诺图法将下列函数化简成为最简“与-或”表达式。

（1）$Y=AB\bar{C}D+A\bar{B}CD+A\bar{B}+A\bar{D}+A\bar{B}C$

（2）$Y=\bar{B}\,\bar{C}D+A\bar{B}CD+BC\bar{D}+AB\bar{D}+\bar{A}B\bar{C}$

（3） $Y=(\bar{A}\,\bar{B}+B\bar{D})\bar{C}+BD\bar{\bar{A}}\,\bar{\bar{C}}+\bar{D}\overline{(\bar{A}+B)}$

（4） $Y(A,B,C)=\sum m(0,1,2,3,6,7)$

（5） $Y(A,B,C,D)=\sum m(0,1,2,5,6,7,8,9,13,14)$

（6） $Y(A,B,C,D)=\sum m(0,2,4,5,7,8)+\sum d(10,11,12,13,14,15)$

（7） $Y(A,B,C,D)=\sum m(0,2,3,4,6,12)+\sum d(7,8,10,14)$

（8） $Y(A,B,C,D)=\sum m(1,2,4,12,14)+\sum d(5,6,7,8,9,10)$

1-11．写出题图 1-2 所示各逻辑图的输出函数式，并列出它们的真值表。

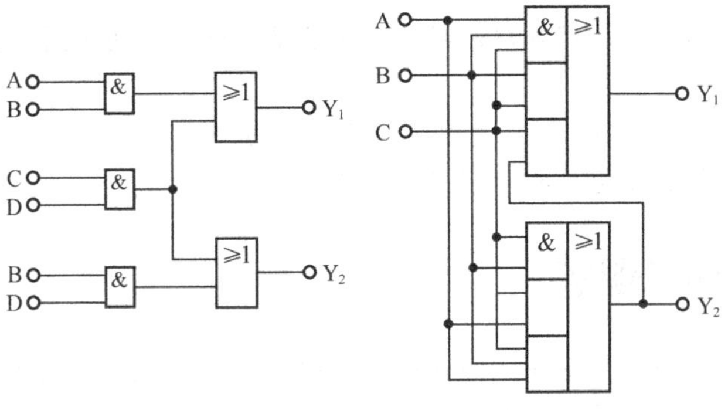

（a）　　（b）

题图 1-2

项目 2

逻辑门电路的功能——抢答器开关电路的设计

本项目的任务是熟悉集成门电路的功能，掌握集成逻辑门的应用。集成门电路是构成组合逻辑电路的基本元件。

学习本项目，要求会识别和测试常用 TTL、CMOS 集成电路产品，会识读逻辑电路图，能借助常用仪器仪表测量、判断常用集成芯片的质量好坏。

2.1 集成逻辑门概述

TTL 电路问世几十年来，经过电路结构的不断改进和集成工艺的逐步完善，至今仍广泛应用，几乎占据着数字集成电路领域的半壁江山。

把若干个有源器件和无源器件及其连线，按照一定的功能要求，制作在同一块半导体晶片上，这样的产品叫集成电路；若它完成的功能是逻辑功能或数字功能，则称为逻辑集成电路或数字集成电路。最简单的数字集成电路是集成逻辑门。

集成逻辑门，按照其组成的有源器件的不同可分为两大类：一类是双极性晶体管逻辑门；另一类是单极性绝缘栅场效应管逻辑门，简称 MOS 门。

双极性晶体管逻辑门主要有 TTL 门（晶体管-晶体管逻辑门）、ECL 门（射极耦合逻辑门）和 I^2L 门（集成注入逻辑门）等。

单极性 MOS 门主要有 PMOS 门（P 沟道增强型 MOS 管构成的逻辑门）、NMOS 门（N 沟道增强型 MOS 管构成的逻辑门）和 CMOS 门（利用 PMOS 管和 NMOS 管构成互补电路的门电路，又叫作互补 MOS 门）。

门电路是指实现基本运算、复合运算的单元电路，如“与”门、“与非”门、“或”门……。

门电路中是以高、低电平表示逻辑状态的“1”和“0”；获得高、低电平的基本原理如图 2.1 所示。

正逻辑：高电平表示“1”，低电平表示“0”；负逻辑：高电平表示“0”，低电平表示“1”，如图 2.2 所示。

高、低电平都允许有一定的变化范围。

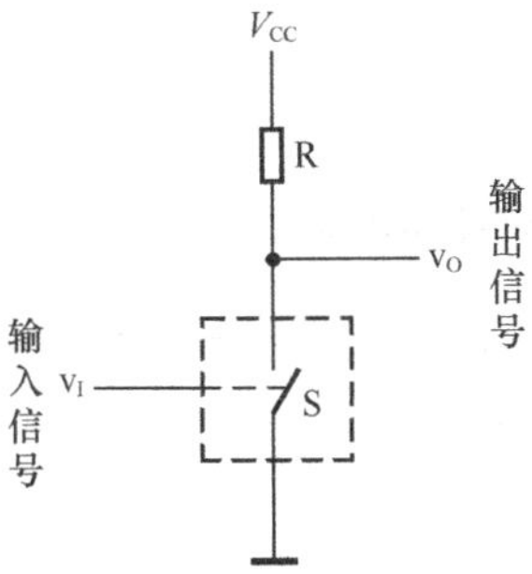

图 2.1 获得高、低电平的基本原理图

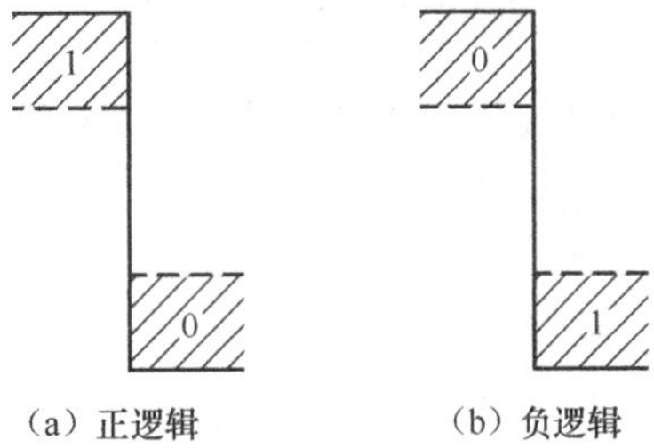

图 2.2 正、负逻辑示意图

2.2 基本逻辑门电路

2.2.1 二极管“与”门

最简单的“与”门可以用二极管和电阻组成，图 2.3 所示为有两个输入端的“与”门电路。图中 A、B 为两个输入变量，Y 为输出变量。

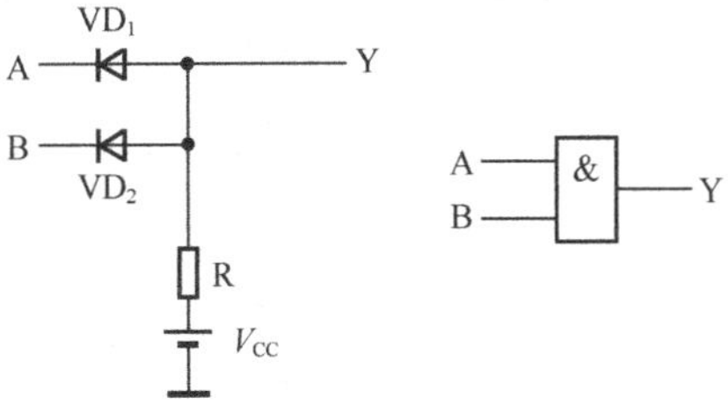

图 2.3 二极管“与”门电路及符号

设 V_{CC}=5V，A、B 输入端的高、低电平分别为 V_{IH}=3V，V_{IL}=0V，二极管 VD_1、VD_2 正向导通压降 V_{DF}=0.7V。由图 2.3 可见，A、B 当中若有一个是低电平 0V，则必有一个二极管导通，使 Y=0.7V；只有 A、B 同时为高电平 3V 时，Y 才为 3.7V。将输出与输入逻辑电平的关系列表，如表 2.1 所示。

如果规定 3V 以上为高电平，用逻辑“1”表示，0.7V 以下为低电平，用逻辑“0”表示，则可将逻辑电平表改成电路的真值表，如表 2.2 所示。

表 2.1 电路的逻辑电平表

A/V	B/V	Y/V
0	0	0.7
0	3	0.7
3	0	0.7
3	3	3.7

表 2.2 电路的真值表

A	B	Y
0	0	0
0	1	0
1	0	0
1	1	1

显然，Y 和 A、B 是“与”逻辑关系。

这种“与”门电路虽然简单，但是存在着严重的问题。

首先，输出的高、低电平数值和输入的高、低电平数值不相等，相差一个二极管的导通压降。如果把这个门的输出作为下一级门的输入信号，将发生信号高、低电平的偏移。

其次，当输出端对地接上负载电阻时，负载电阻的改变有时会影响输出的高电平。因此，这种二极管“与”门电路仅用于集成电路内部的逻辑单元，而不用它直接去驱动负载电路。

2.2.2 二极管“或”门

最简单的“或”门电路如图 2.4 所示，它也是由二极管和电阻组成的。A、B 是两个输入变量，Y 是输出变量。

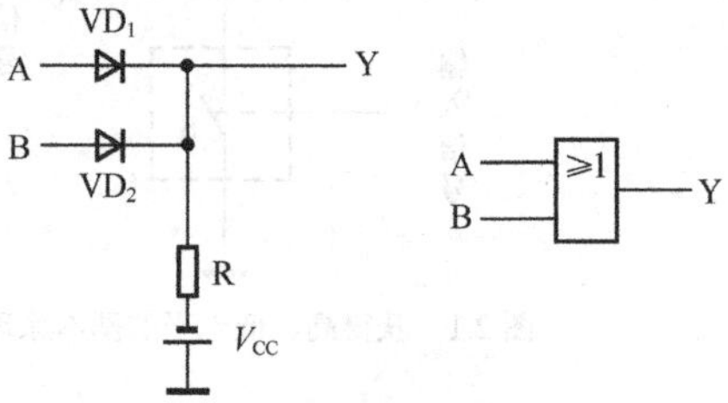

图 2.4 二极管“或”门电路及符号

若 A、B 输入端的高、低电平分别为 V_{IH}=3V，V_{IL}=0V，二极管 VD_1、VD_2 的正向导通压降 V_{DF}=0.7V。由图 2.4 可知，A、B 当中若有一个是高电平，则输出就是 2.3V；只有当 A、B 同时为低电平时，输出才是−0.7V，输入和输出的电平关系如表 2.3 所示。

如果规定 2.3V 以上为高电平，用逻辑“1”表示，而低于 0V 为低电平，用逻辑“0”表示，则可将电平表改写成真值表，如表 2.4 所示。显然 Y 和 A、B 之间是“或”逻辑关系。

表 2.3 电路的逻辑电平表

A/V	B/V	Y/V
0	0	−0.7
0	3	2.3
3	0	2.3
3	3	2.3

表 2.4 电路的真值表

A	B	Y
0	0	0
0	1	1
1	0	1
1	1	1

二极管“或”门电路同样存在着输出电平偏移的问题，所以这种电路结构也只用于集成电路内部的逻辑单元。

2.2.3 三极管“非”门

由三极管组成的“非”门电路如图 2.5 所示。

当输入为高电平时，三极管处于饱和状态，输出等于低电平；当输入为低电平时，三极管处于截止状态，输出等于高电平。因此，输出与输入的电平是反相关系，它实际上就是一个“非”门（也称为反相器）。

实用的反相器中，为了保证在输入低电平时，三极管可靠地截止，常将电路通过电阻 R_2 接入负电源$-V_{EE}$；即使输入的低电平信号稍大于零，三极管的基极也能为负电位，从而使三极管能可靠地截止，输出为高电平。

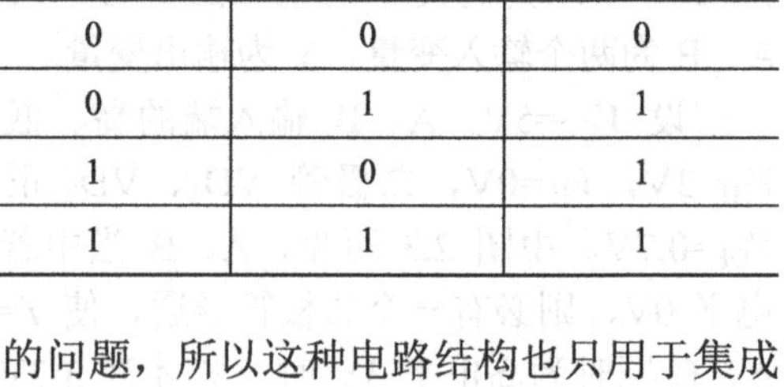

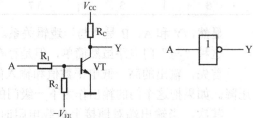

图 2.5 三极管“非”门（反相器）及符号

当输入信号为高电平时，应保证三极管工作在深度饱和状态，以使输出电平接近于零。为此，电路参数的配合必须合适，保证提供给三极管的基极电流大于临界饱和的基极电流，即

$$I_B \geqslant I_{BS}$$

2.3　TTL 门电路

2.3.1　TTL“与非”门的结构

1. TTL“与非”门的基本结构

图 2.6 所示为 TTL“与非”门的电路图及逻辑符号，它是由输入级、中间级和输出级三部分组成的。

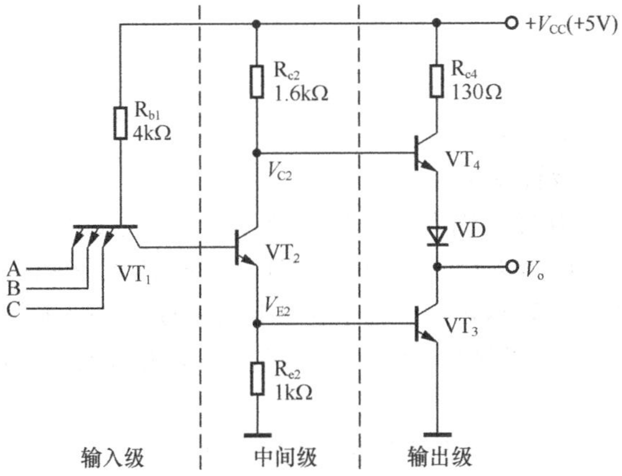

（a）电路图

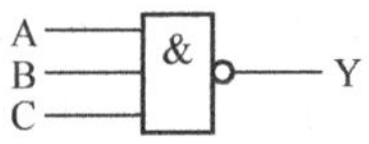

（b）符号

图 2.6　TTL“与非”门电路

（1）输入级：输入级由多发射极三极管 VT_1 和电阻 R_{b1} 组成。输入级的作用是对输入变量 A、B、C 实现逻辑“与”；它相当于一个“与”门，VT_1 的发射极为“与”门的输入端，集电极为“与”门的输出端。从逻辑功能上看，图 2.7（a）所示的多发射极三极管可以等效为图 2.7（b）所示的形式。

（2）中间级：由 VT_2、R_{c2} 和 R_{e2} 组成，VT_2 的集电极和发射极输出两个相位相反的信号，作为 VT_3 和 VT_4 的驱动信号。

（3）输出级：由 VT_3、VT_4、VD 和 R_{c4} 组成。

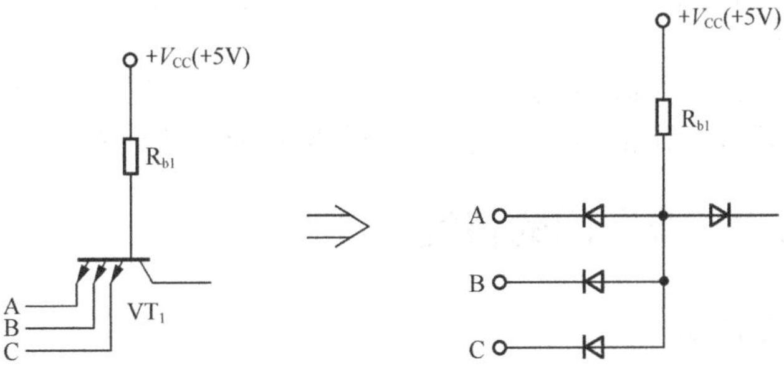

（a）　　　　（b）

图 2.7　多发射极三极管及等效电路

2. TTL“与非”门的工作原理

因为该电路的输出高、低电平分别为 3.6V 和 0.3V，所以在下面分析中假设输入高、低电平分别为 3.6V 和 0.3V。

（1）输入全为高电平 3.6V 时，VT_2、VT_3 饱和导通，$V_{B1}=0.7\times3=2.1V$，从而使 VT_1 的发射结因反偏而截止。此时 VT_1 的发射结反偏，而集电结正偏，称为倒置放大工作状态，如图 2.8 所示。

由于 VT_3 饱和导通，输出电压为

$$V_O=V_{CES3}\approx0.3V$$

此时

$$V_{E2}=V_{B3}=0.7V，V_{CE2}=0.3V$$

故

$$V_{C2}=V_{E2}+V_{CE2}=1V$$

V_{C2} 作用于 VT_4 的基极，使 VT_4 和二极管 VD 截止。

可见，实现了“与非”门的逻辑功能：输入全为高电平时，输出为低电平。

（2）输入有低电平 0.3V 时，VT_1 发射结正向导通，VT_1 的基极电位被钳位到 $V_{B1}=1V$，VT_2、VT_3 截止，如图 2.9 所示。由于 VT_2 截止，流过 R_{C2} 的电流仅为 VT_4 的基极电流，这个电流较小，在 R_{C2} 上产生的压降也较小，可以忽略，所以 $V_{B4}\approx V_{CC}=5V$，使 VT_4 和 VD 导通，则输出电压

$$V_O\approx V_{CC}-V_{BE4}-V_{DF}=5-0.7-0.7=3.6\text{（V）}$$

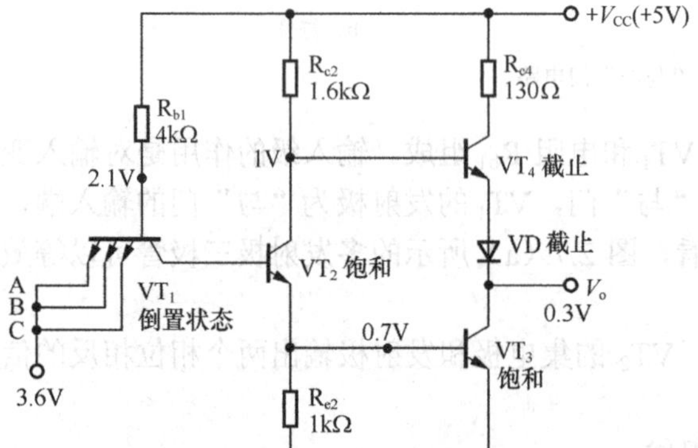

图 2.8　输入全为高电平时的工作情况

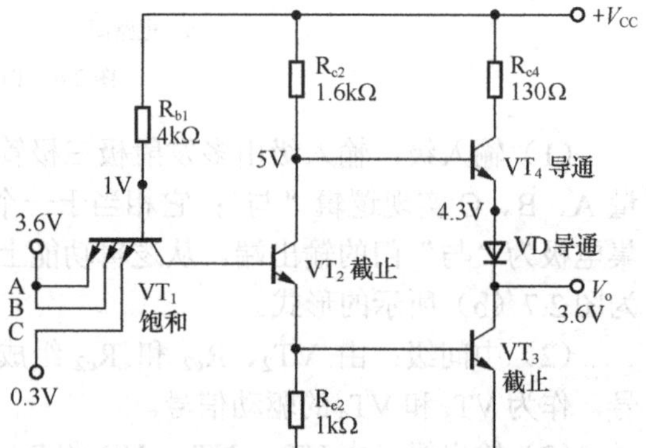

图 2.9　输入有低电平时的工作情况

可见，实现了“与非”门逻辑功能的另一方面：输入有低电平时，输出为高电平。

综合上述两种情况，该电路满足“与非”的逻辑功能，是一个“与非”门。

2.3.2　TTL“与非”门的特性

1. 电压传输特性曲线

“与非”门的电压传输特性曲线是指“与非”门的输出电压与输入电压之间的对应关系曲线，即

$$V_o = f(V_i)$$

图 2.10 所示为传输特性的测试方法。图 2.11 所示为 TTL“与非”门的电压传输特性曲线，反映了电路的静态特性。由图可知，它包含了截止区（*AB* 段）、线性区（*BC* 段）、过渡区（*CD* 段）、饱和区（*DE* 段）四个过程。

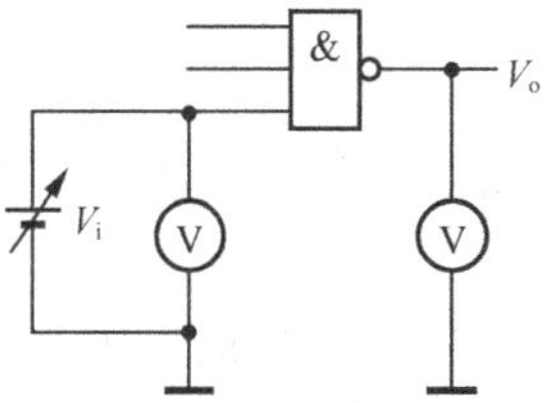

图 2.10　传输特性的测试方法

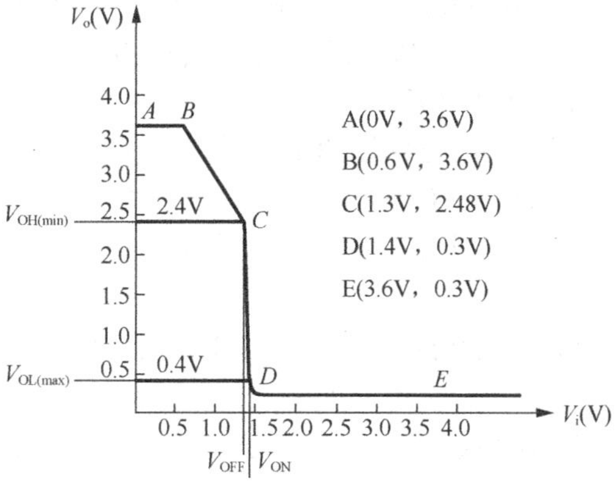

图 2.11　TTL“与非”门的电压传输特性

2. TTL“与非”门传输延迟时间（t_{pd}）

当“与非”门输入一个脉冲波形时，其输出波形有一定的延迟，如图 2.12 所示。

导通延迟时间 t_{PHL}：从输入波形上升沿的中点到输出波形下降沿的中点所经历的时间。

截止延迟时间 t_{PLH}：从输入波形下降沿的中点到输出波形上升沿的中点所经历的时间。

“与非”门的传输延迟时间 t_{pd} 是 t_{PHL} 和 t_{PLH} 的平均值。即

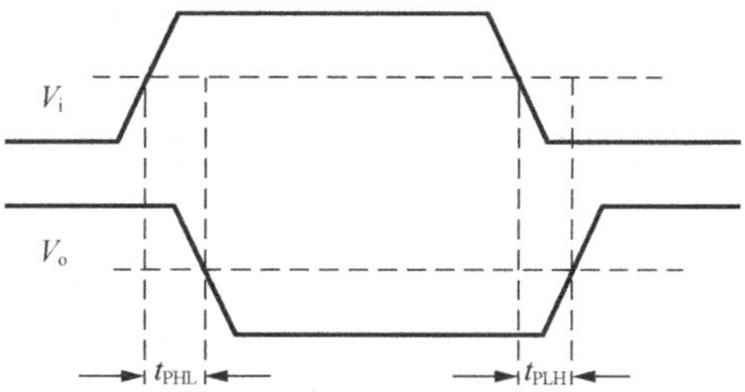

图 2.12　TTL“与非”门的传输时间

$$t_{pd} = \frac{t_{PLH} + t_{PHL}}{2}$$

一般 TTL“与非”门传输延迟时间 t_{pd} 的值为几纳秒～十几纳秒。

3. 几个重要参数

从 TTL“与非”门的电压传输特性曲线上，我们定义几个重要的电路指标。

（1）输出高电平（V_{OH}）

“与非”门的输入端至少有一个接低电平时的输出电压叫输出高电平，记作 V_{OH}。不同型号的 TTL“与非”门，其内部结构有所不同，故其 V_{OH} 也不一样。V_{OH} 的理论值为 3.6V，产品规定输出高电平的最小值 $V_{OH\,(min)}$=2.4V，即大于 2.4V 的输出电压就可称为输出高电平 V_{OH}。

（2）输出低电平（V_{OL}）

“与非”门的所有输入端都接高电平时的输出电压叫输出低电平，记作 V_{OL}。V_{OL} 的理论值为 0.3V，产品规定输出低电平的最大值 $V_{OL\,(max)}$=0.4V，即小于 0.4V 的输出电压就可称

为输出低电平 V_{OL}。

由上述规定可以看出，TTL 门电路的输出高低电平都不是一个值，而是一个范围。

（3）关门电平（V_{OFF}）

关门电平 V_{OFF} 是保证 TTL“与非”门输出 $V_{OH(min)}$ 电压时，允许输入的低电平的最大值。显然只有输入电平 $V_i<V_{OFF}$，“与非”门才进入关门状态，V_o 为高电平。从电压传输特性曲线上看，$V_{OFF}\approx1.3V$，产品规定 $V_{OFF}=0.8V$。

（4）开门电平（V_{ON}）

开门电平 V_{ON} 是保证 TTL“与非”门输出 $V_{OL(max)}$ 电压时，允许输入的高电平的最小值。只有输入电平 $V_i>V_{ON}$，“与非”门才进入开门状态，V_o 为低电压。从电压传输特性曲线上看，V_{ON} 略大于 1.3V，产品规定 $V_{ON}=2V$。

（5）阈值电压（V_{th}）

V_{th} 是决定电路截止和导通的分界线，也是决定输出高、低电压的分界线。从电压传输特性曲线上看，V_{th} 值界于 V_{OFF} 与 V_{ON} 之间，而 V_{OFF} 与 V_{ON} 的实际值差别不大，所以，近似认为 $V_{th}\approx V_{OFF}\approx V_{ON}$。$V_{th}$ 是一个很重要的参数，在近似分析和估算时，常把它作为决定“与非”门工作状态的关键值，即 $V_i>V_{th}$，“与非”门开门，输出低电平；$V_i<V_{th}$，“与非”门关门，输出高电平。通常形象地称 V_{th} 为门槛电压。

V_{th} 的值为 1.3V～1.4V。

（6）高电平噪声容限（V_{NH}）

当“与非”门的输入端全部接高电平时，其输出应为低电平。但是若输入端窜入负向干扰电压，就会使实际输入电平低于 V_{ON}，致使输出电压不能保证为低电平。在保证“与非”门输出低电平的前提条件下，允许叠加在输入高电平上的最大负向干扰电压称为高电平噪声容限，记作 V_{NH}。其值一般为

$$V_{NH}=V_{IH}-V_{ON}=3-2=1V$$

式中，$V_{IH}=3V$ 是输入高电平的标准值。

（7）低电平噪声容限（V_{NL}）

当“与非”门的输入端接有低电平时，其输出应为高电平。若输入端窜入正向干扰电压，致使实际输入电平高于 V_{OFF}，则输出就不能保证为高电平。在保证“与非”门输出高电平的前提下，允许叠加在输入低电平上的最大正向干扰电压称为低电平噪声容限，记作 V_{NL}。其值一般为

$$V_{NL}=V_{OFF}-V_{IL}=0.8V-0.3V=0.5V$$

式中，$V_{IL}=0.3V$ 是输入低电平的标准值。

噪声容限表示门电路的抗干扰能力，显然，噪声容限越大，电路的抗干扰能力越强。

2.3.3 TTL“与非”门产品介绍

将若干个门电路，经集成工艺制作在同一芯片上，加上封装，引出管脚，便可构成 TTL 集成门电路组件。根据其内部包含门电路的个数、同一门电路输入端个数、电路的工作速度、功耗等，可分为多种型号。

部分常用中小规模 TTL 门电路的型号及功能如表 2.5 所示。实际应用中，可根据电路需要选用不同的型号。

表 2.5　　TTL 器件的型号及意义

第一部分		第二部分		第三部分		第四部分		第五部分	
产品制造单位		工作温度范围		器件系列		器件品牌		封装形式	
符号	意义	符号	意义	符号	意义	符号	意义	符号	意义
CT	中国制造的 TTL 类型	54	−55～125℃		标准	阿拉伯数字	器件功能	W	陶瓷扁平
SN	美国 TEXAS 公司	74	0～70℃	H	高速			B	塑料扁平
				S	肖特基			F	全密封扁平
				LS	低功耗肖特基			D	陶瓷双列直插
				AS	先进肖特基			P	塑料双列直插
				ALS	先进低功耗肖特基			J	黑陶瓷双列直插
				FAS	快捷肖特基				

2.3.4　TTL“与非”门的带负载能力

在数字系统中，门电路的输出端一般都要与其他门电路的输入端相连，称为带负载。一个门电路最多允许带几个同类的负载门，是我们将要讨论的问题。

1．输入低电平电流（I_{IL}）与输入高电平电流（I_{IH}）

（1）输入低电平电流（I_{IL}）

I_{IL} 是指当门电路的输入端接低电平时，从门电路输入端流出的电流。

由图 2.13 可以算出

$$I_{IL}=\frac{V_{CC}-V_{B1}}{R_{b1}}=\frac{5-1}{4}=1(\text{mA})$$

产品规定 $I_{IL}<1.6\text{mA}$。

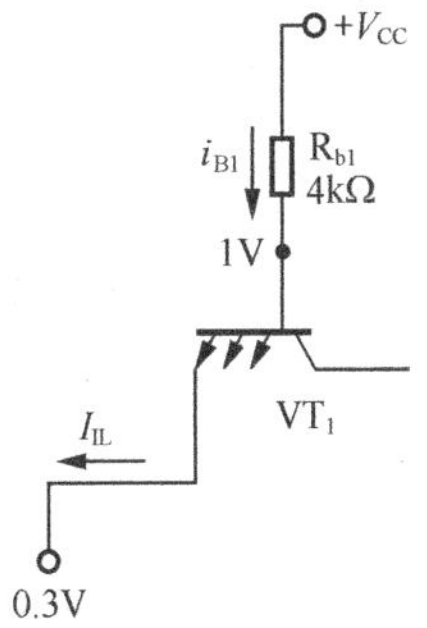

图 2.13　输入低电平电流 I_{IL}

（2）输入高电平电流（I_{IH}）

I_{IH} 是指当门电路的输入端接高电平时，流入输入端的电流。

有以下两种情况：

① 寄生三极管效应。如图 2.14（a）所示，当“与非”门一个输入端（如 A 端）接高电平，其他输入端接低电平，此时

$$I_{IH}=\beta_P I_{B1}$$

β_P 为寄生三极管的电流放大系数。

② 倒置工作状态。如图 2.14（b）所示，当“与非“门的输入端全接高电平，VT_1 的发射结反偏，集电结正偏，工作于倒置的放大状态，此时

$$I_{IH}=\beta_i I_{B1}$$

β_i 为倒置放大的电流放大系数。

由于 β_p 和 β_i 的值都远小于 1，所以 I_{IH} 的数值比较小，产品规定 $I_{IH}<40\mu\text{A}$。

2．带负载能力

（1）灌电流负载

当驱动门输出低电平时，驱动门的 VT_4、VD 截止，VT_3 导通，此时有电流从负载门的

输入端灌入驱动门的 VT_3 管，“灌电流”由此得名。灌电流是指负载门的输入低电平电流 I_{IL}，如图 2.15 所示。很显然，负载门的个数增加，灌电流增大，即驱动门 VT_3 管的集电极电流 I_{C3} 增加；当 $I_{C3}>\beta I_{B3}$ 时，VT_3 脱离饱和，输出低电平升高，前面提到过输出低电平不得高于 $V_{OL\,(max)}$=0.4V。因此，把输出低电平时允许灌入输出端的电流定义为输出低电平电流 I_{OL}，这是门电路的一个参数，产品规定 I_{OL}=16mA。由此可得出，输出低电平时所能驱动同类门的个数为

$$N_{OL}=\frac{I_{OL}}{I_{IL}}$$

N_{OL} 称为输出低电平时的扇出系数。

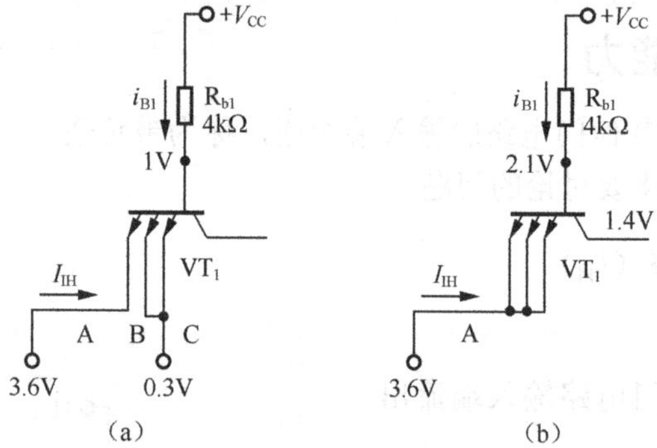

图 2.14　输入高电平电流 I_{IH}

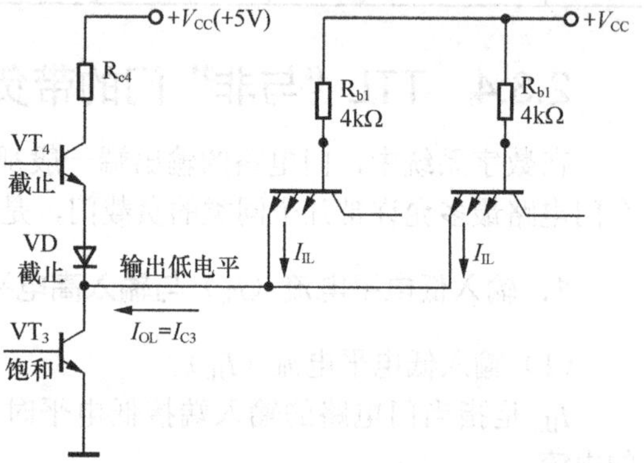

图 2.15　带灌电流负载

（2）拉电流负载

当驱动门输出高电平时，驱动门的 VT_4、VD 导通，VT_3 截止，这时有电流从驱动门的 VT_4、VD 拉出而流至负载门的输入端，“拉电流”由此得名。拉电流是驱动门 VT_4 的发射极电流 I_{E4}，同时又是负载门的输入高电平电流 I_{IH}，如图 2.16 所示。负载门的个数增加，拉电流增大，即驱动门的 VT_4 管发射极电流 I_{E4} 增加，R_{C4} 上的压降增加。

当 I_{E4} 增加到一定的数值时，VT_4 进入饱和，输出高电平降低，前面提到过输出高电平不得低于 $V_{OH\,(min)}$=2.4V。因此，把输出高电平时允许拉出输出端的电流定义为输出高电平电流 I_{OH}，这也是门电路的一个参数，产品规定 I_{OH}=0.4mA。由此可得出，输出高电平时所能驱动同类门的个数为

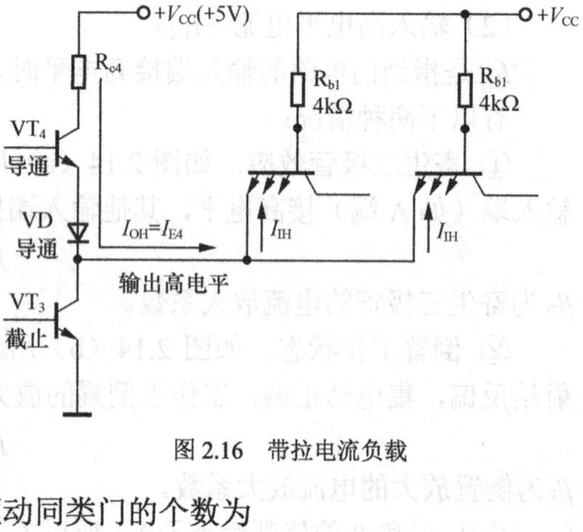

图 2.16　带拉电流负载

$$N_{OH}=\frac{I_{OH}}{I_{IH}}$$

N_{OH} 称为输出高电平时的扇出系数。

一般 $N_{OL}\neq N_{OH}$，常取两者中的较小值作为门电路的扇出系数，用 N_O 表示。

2.3.5　其他功能的 TTL 门电路

1. 集电极开路“与非”门（OC 门）

在工程实践中，有时需要将几个门的输出端并联使用，以实现“与”逻辑，称为“线与”。TTL 门电路的输出结构决定了它不能进行“线与”。

如图 2.17 所示，如果将 G_1、G_2 两个 TTL“与非”门的输出直接连接起来，当 G_1 输出为高电平，G_2 输出为低电平时，从 G_1 的电源 V_{CC} 通过 G_1 的 VT_4、VD 到 G_2 的 VT_3，形成一个低阻通路，产生很大的电流，输出既不是高电平也不是低电平，逻辑功能将被破坏，还可能烧毁器件。所以普通的 TTL 门电路是不能进行“线与”的。

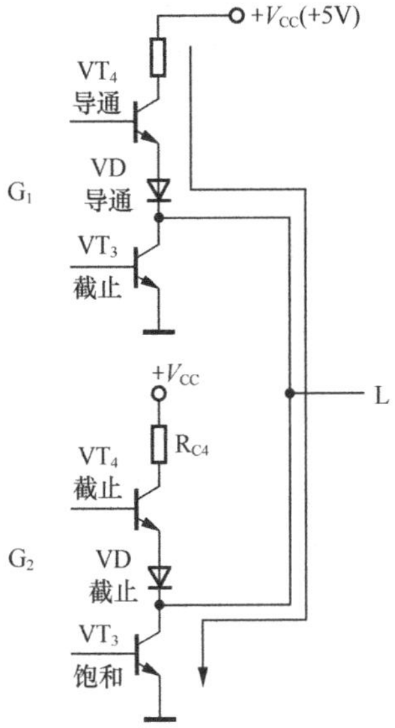

图 2.17　普通 TTL 门电路输出并联使用

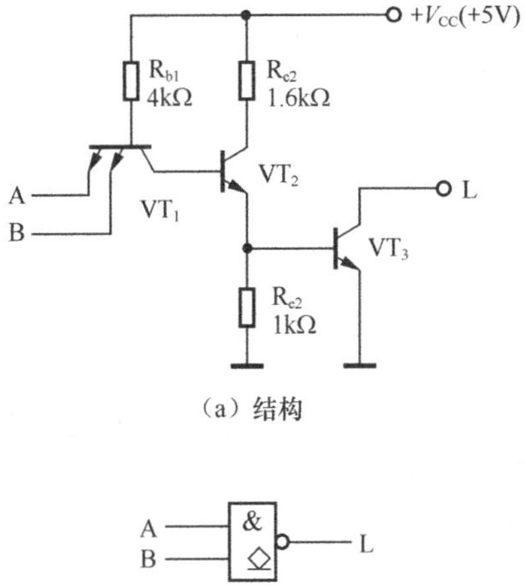

图 2.18　OC 门

为满足实际应用中实现“线与”的需要，专门生产了一种可以进行“线与”的门电路——集电极开路门，简称 OC 门（Open Collector），如图 2.18 所示。

OC 门主要有以下几方面的应用。

（1）实现“线与”

图 2.19 所示为两个 OC 门实现“线与”的电路，其逻辑关系为

$$L = L_1 \cdot L_2 = \overline{AB} \cdot \overline{CD} = \overline{AB + CD}$$

即在输出线上实现了“与”运算，通过逻辑变换可转换为“与-或-非”运算。

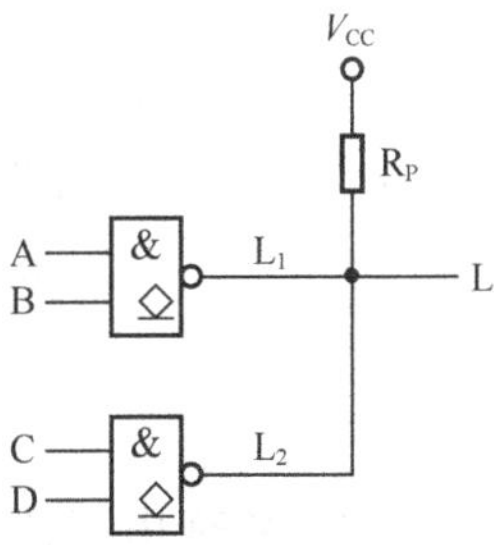

图 2.19　实现“线与”

在使用 OC 门进行“线与”时，外接上拉电阻 R_P 的选择非常重要，只有 R_P 选择得当，才能保证 OC 门输出的高电平和低电平满足要求。

假定有 n 个 OC 门的输出端并联，后面接 m 个普通的 TTL“与非”门作为负载，如图 2.20 所示，则 R_P 的选择按以下两种最坏情况考虑。

① 当所有的 OC 门都截止时，输出 V_o 应为高电平，如图 2.20（a）所示。这时 R_P 不能太大，如果 R_P 太大，则其压降太大，输出高电平就会太低。因此 R_P 最大值时必须保证输出电压为 $V_{OH(min)}$，由

$$V_{CC}-V_{OH(min)}=mI_{IH}R_{P(max)}$$

得

$$R_{P(max)}=\frac{V_{CC}-V_{OH(min)}}{m\cdot I_{IH}}$$

式中，$V_{OH(min)}$ 是 OC 门输出高电平的下限值，I_{IH} 是负载门的输入高电平电流，m 是负载门输入端的个数（不是负载门的个数），因为 OC 门中的 VT_3 管都截止，所以假设没有电流流入 OC 门。

② 当 OC 门中至少有一个导通时，输出 V_o 应为低电平。我们考虑最坏情况，即只有一个 OC 门导通，如图 2.20（b）所示，这时 R_P 不能太小，如果 R_P 太小，则灌入导通的那个 OC 门的负载电流超过 $I_{OL(max)}$，就会使 OC 门的 VT_3 管脱离饱和，导致输出低电平上升。因此当 R_P 为最小值时要保证输出电压为 $V_{OL(max)}$，由

$$I_{OL(max)}=\frac{V_{CC}-V_{OL(max)}}{R_{P(min)}}+m\cdot I_{IL}$$

得

$$R_{P(min)}=\frac{V_{CC}-V_{OL(max)}}{I_{OL(max)}-m\cdot I_{IL}}$$

式中，$V_{OL(max)}$ 是 OC 门输出低电平的上限值，$I_{OL(max)}$ 是 OC 门输出低电平时的灌电流能力，I_{IL} 是负载门的输入低电平电流，m 是负载门输入端的个数。

综合以上两种情况，R_P 可由下式确定

$$R_{P(min)}<R_P<R_{P(max)}$$

一般，R_P 应选 1kΩ 左右的电阻。

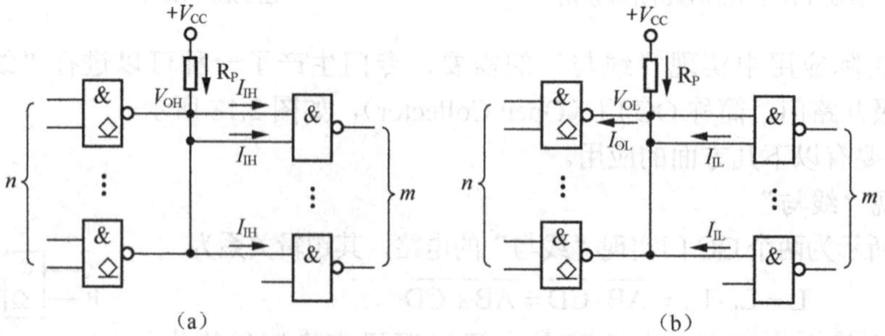

图 2.20 外接上拉电阻 R_P 的选择

（2）实现电平转换

当数字系统的接口部分（与外部设备相连接的地方）需要有电平转换的时候，常用 OC 门来完成。图 2.21 所示为将 OC 门的上拉电阻接到 10V 电源上，这样在 OC 门输入普通的 TTL 电平，输出高电平就可以变为 10V。

（3）用作驱动器

OC 门可用来驱动发光二极管、指示灯、继电器和脉冲变压器等。图 2.22 所示为用 OC

门驱动发光二极管的电路。

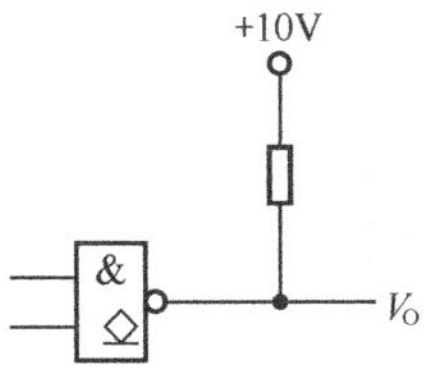

图 2.21 实现电平转换

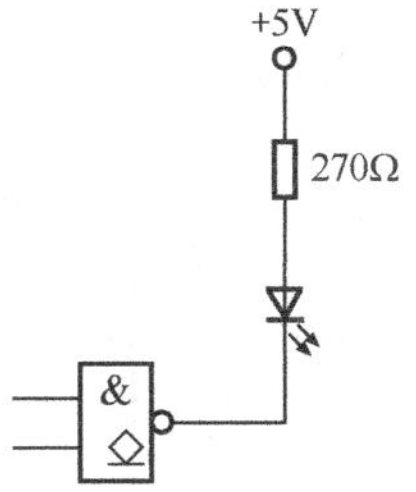

图 2.22 驱动发光二极管

2. 三态输出门（TSL 门）

（1）三态输出门的结构及工作原理

如图 2.23（a）所示，当 EN=0 时，G 输出为 1，VD_1 截止，与 P 端相连的 VT_1 的发射结也截止。三态门相当于一个正常的二输入端“与非”门，输出 $L=\overline{AB}$，称为正常工作状态。

当 EN=1 时，G 输出为 0，即 V_P=0.3V，一方面使 VD_1 导通，V_{C2}=1V，VT_4、VD 截止；另一方面使 V_{B1}=1V，VT_2、VT_3 也截止。这时从输出端 L 看进去，对地和对电源都相当于开路，呈现高阻，所以称这种状态为高阻态，或禁止态。

这种当 EN=0 时，输出为正常工作状态，EN=1 时为高阻状态的三态门称为低电平有效的三态门，其逻辑符号如图 2.23（b）所示。如果将图 2.23（a）中的“非”门 G 去掉，则使能端 EN=1 时，输出为正常工作状态，EN=0 时为高阻状态，这种三态门称为高电平有效的三态门，逻辑符号如图 2.23（c）所示。

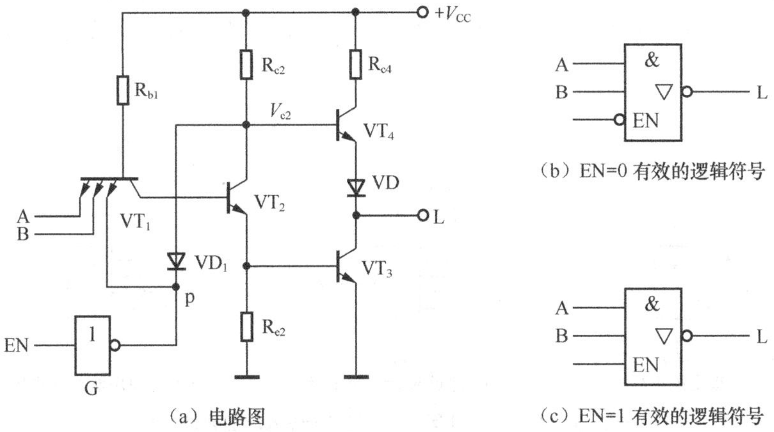

图 2.23 三态输出门

（2）三态门的应用

三态门在计算机总线结构中有着广泛的应用。图 2.24（a）所示为三态门组成的单向总线，可实现信号的分时传送。

图 2.24（b）所示为三态门组成的双向总线。当 EN 为高电平时，G_1 正常工作，G_2 为高阻态，输入数据 D_I 经 G_1 反相后送到总线上；当 EN 为低电平时，G_2 正常工作，G_1 为高阻态，总线上的数据 D_O 经 G_2 反相后输出 $\overline{D_O}$，实现了信号的分时双向传送。

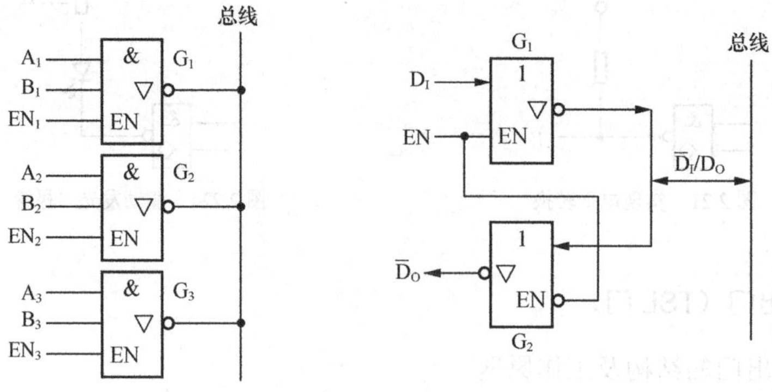

（a）单向总线　　（b）双向总线

图 2.24　三态门组成的总线

2.3.6 TTL 集成门的使用注意事项

使用 TTL 集成门电路时，应注意以下事项：

（1）电源电压（U_{CC}）应满足在标准值（5±10%）V 的范围内；

（2）TTL 电路的输出端所接的负载，不能超过规定的扇出系数；

（3）注意 TTL 门多余输入端的处理方法。

① “与非”门和“与”门

对于“与非”门及“与”门，多余输入端应接高电平，可以直接接电源正端，或通过一个上拉电阻 1～3000Ω 接电源正端；在前级驱动能力允许时，也可以与有用的输入端并联使用，如图 2.25 所示。

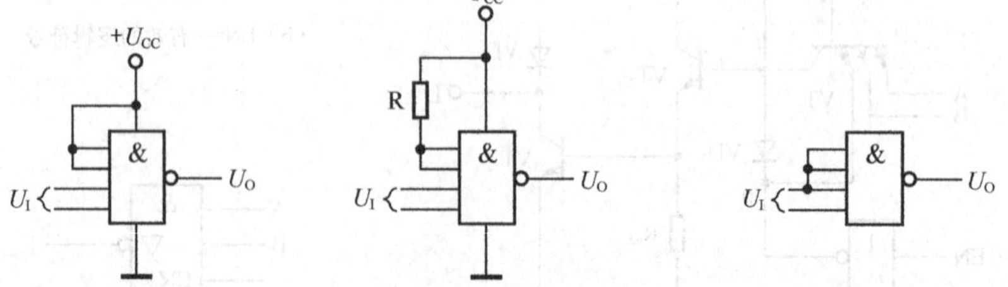

（a）接电源正端　　（b）通过 R 接电源正端　　（c）与使用输入端并联

图 2.25　“与非”门及“与”门多余输入端的处理方法

② “或非”门和“或”门

对于“或非”门及“或”门，多余输入端应接低电平，可直接接地；或通过一个小电阻（小于 500Ω）接地；在前级驱动能力允许时，也可以与有用的输入端并联使用，如图 2.26 所示。

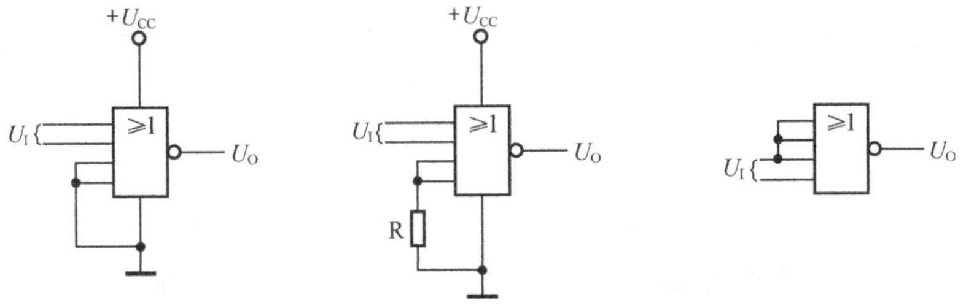

（a）接地　　（b）通过 R 接地　　（c）与使用输入端并联

图 2.26　“或非”门及“或”门多余输入端的处理方法

2.4　CMOS 门电路

2.4.1　常用的 CMOS 门电路

1.“与非”门

图 2.27 所示为一个两输入端的 CMOS“与非”门电路，它由 4 个增强型绝缘栅场效应管组成；VT_1、VT_2 为两个串联的 NMOS 管，VT_3、VT_4 为两个并联的 PMOS 管。

当 A、B 两个输入端均为高电平时，VT_1、VT_2 导通，VT_3、VT_4 截止，输出为低电平。

当 A、B 两个输入端中有一个为低电平时，VT_1、VT_2 中必有一个截止，VT_3、VT_4 中必有一个导通，使输出为高电平。电路的逻辑关系为

$$Y = \overline{A \cdot B}$$

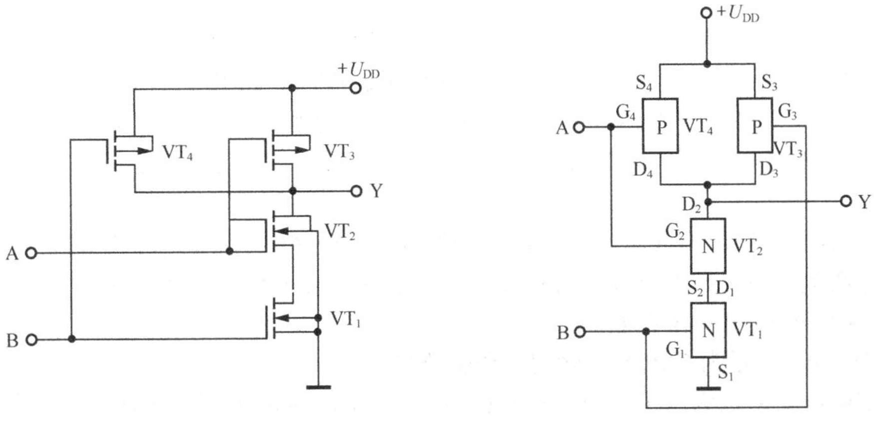

（a）　　（b）

图 2.27　CMOS“与非”门

2.“或非”门

CMOS“或非”门如图 2.28 所示。当 A、B 两个输入端均为低电平时，VT_1、VT_2 截止，VT_3、VT_4 导通，输出为高电平；当 A、B 两个输入端中有一个为高电平时，VT_1、VT_2

中必有一个导通，VT_3、VT_4中必有一个截止，使输出为低电平。电路的逻辑关系为

$$Y=\overline{A+B}$$

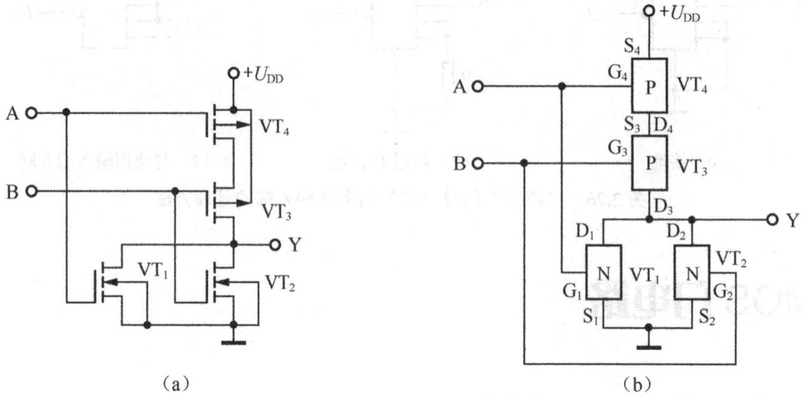

图 2.28　CMOS“或非”门

3. CMOS 传输门与模拟开关

图 2.29（a）所示为 CMOS 传输门的电路原理图，它是一种传输信号的可控开关电路。图中的 NMOS 管都是增强型 MOS 管，源极（s）和漏极（d）可以互换，PMOS 管的漏、源极和 NMOS 管的漏、源极分别并联构成传输门的输入端和输出端。MOS 管具有低导通电阻（几百欧姆）和很高的截止电阻（大于 10GΩ），以及 MOS 管的漏、源极相对栅极完全对称的特点，利用这些特性可做成接近理想开关的传输门，这种传输门在数字系统中被广泛应用。

CMOS 传输门的工作原理如下：

① 当 C=1（接 V_{DD}），$\overline{C}=0$（接 0V）时，无论输入信号 V_i=0～V_{DD} 中的任何值，NMOS 管和 PMOS 管中将至少有一个导通（V_i为低电平时 PMOS 管导通，V_i为高电平时 NMOS 管导通，若 V_i为中间值时，两个管子会程度不同地都导通），输入与输出端之间呈现低阻，则输入信号被传送到输出端。若负载电阻 R_L 远远大于导通电阻 R_{ON} 时，则输出端 $V_o≈V_i$。

② 当 C=0（接 0V），$\overline{C}=1$（接 V_{DD}）时，由于 NMOS 管 N_1 的栅极为低电平，PMOS 管 P_1 的栅极为高电平，无论输入信号 V_i=0～V_{DD} 中的任何值，两个管子 N_1、P_1 都不会导通，所以输入端与输出端被隔断。

图 2.29（b）所示为 CMOS 传输门的逻辑符号。

图 2.29（c）所示为四传输门（双向模拟开关）CC4066 内部的实际电路。考虑到管子 N_1 的源极-衬底间的电压会随着输入电压 V_i的改变而变化，使得沟道的导通电阻 R_{ON} 不稳定，从而使传输信号由于传输系数的不稳定而引起失真，所以管子 N_1 的衬底经门 TG_2 接输入电压，使衬底和源极保持同电位。CC4066 导通电阻 R_{ON} 的典型值小于 50Ω，专用精密传输门的 R_{ON}<20Ω。

图 2.30 所示为 CMOS 传输门和一个反相器结合构成的双向模拟开关。当 C=1 时，传输门导通，当 C=0 时，传输门断开。它可以双向传输模拟信号，广泛用于载波、采样保持、模数转换电路中。

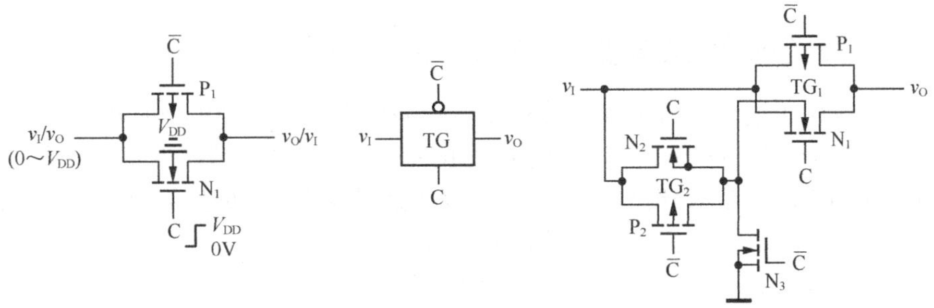

（a）电路原理图　　（b）逻辑符号　　（c）传输门芯片 CC4066 的内部电路

图 2.29　CMOS 传输门

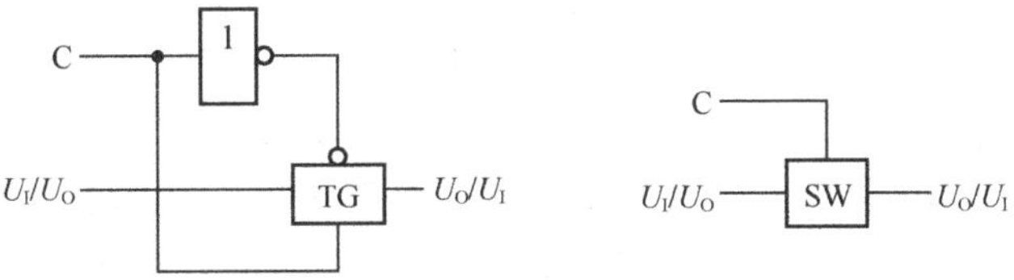

（a）电路图　　（b）符号

图 2.30　双向模拟开关

2.4.2　CMOS 门电路型号及其命名法

CMOS 逻辑门器件有三大系列：4000 系列、74CXX 系列和硅-氧化铝系列。4000 系列和 74CXX 系列应用很广，硅-氧化铝系列因价格昂贵目前尚未普及。

1．4000 系列

表 2.6 列出了 4000 系列 CMOS 器件的符号及其意义。

表 2.6　　CMOS 器件的符号及其意义

第一部分		第二部分		第三部分		第四部分	
产品制造单位		器件系列		器件品种		工作温度范围	
符号	意义	符号	意义	符号	意义	符号	意义
CC CD TC	中国制造的 CMOS 类型 美国无线电公司新产品 日本东芝公司新产品	40 45 145	系列符号	阿拉伯数字	器件功能	C E R M	0～70℃ −40～85℃ −55～85℃ −55～125℃

2．74CXX 系列

74CXX 系列有普通 74CXX 系列、高速 74HCXX 系列、74HCTXX 系列及先进的 CMOS74ACXX/ACTXX 系列。其中 74HCTXX 系列和 74ACTXX 系列可直接与 TTL 相兼容，它们的功能及管脚设置均与 TTL74 系列保持一致。

2.4.3 CMOS 集成电路的使用注意事项

CMOS 电路由于输入阻抗很高，故极易接受静电电荷。尽管生产时在输入端加入了标准保护电路，但为了防止静电击穿，在使用 CMOS 电路时必须采用以下安全措施。

① 存放 CMOS 集成电路时要屏蔽，一般放在金属容器中，或用导电材料将引脚短路，不要放在易产生静电高压的化工材料或化纤织物中。

② 焊接 CMOS 电路时，一般用 20W 内热式电烙铁，而且烙铁要有良好的接地线；也可以用电烙铁断电后的余热快速焊接；禁止在电路通电情况下焊接。

③ 为了防止输入端保护二极管反向击穿，输入电压必须处在 V_{DD} 和 V_{SS} 之间，即 $V_{DD} \geqslant V_i \geqslant V_{SS}$。

④ 测试 CMOS 电路时，如果信号电源和电路供电采用 2 组电源，则在开机时应先接通电路供电电源，后开信号电源；关机时，应先关信号电源，后关电路供电电源，即在 CMOS 电路本身没有接通供电电源的情况下，不允许输入端有信号输入。

⑤ 多余输入端绝对不能悬空，否则容易接受外界干扰，破坏正常的逻辑关系，甚至损坏电路。对于“与”门、“与非”门的多余输入端应接 V_{DD}、高电平或与使用的输入端并联，如图 2.25 所示。对于“或”门、“或非”门多余的输入端应接地、低电平或与使用的输入端并联，如图 2.26 所示。

⑥ 必须先让其他元器件在印制电路板上安装就绪后，再装 CMOS 电路，避免 CMOS 电路输入端悬空。CMOS 电路从印制电路板上拔出时，务必先切断印制电路板上的电源。

⑦ 输入端连线较长时，由于分布电容和分布电感的影响，容易构成 LC 振荡或损坏保护二极管，必须在输入端串联 1 个 10～20kΩ 的电阻 R。

⑧ 防止 CMOS 电路输入端噪声干扰的方法是：在前一级和 CMOS 电路之间接入施密特触发器整形电路，或加入滤波电容滤掉噪声。

2.5 TTL 与 CMOS 接口电路

所谓“接口电路”，就是用于不同类型逻辑门电路之间或逻辑门电路与外部电路之间，使二者有效连接、正常工作的中间电路。由于 TTL 和 CMOS 门电路所使用的电源电压、性能特点、参数等均有所不同，因此不同类型逻辑门之间往往不能直接耦合连接，而需要使用接口电路。

1. CMOS 电路驱动 TTL 电路

用 CMOS 电路去驱动 TTL 电路时，需要解决的问题是 CMOS 电路不能提供足够大的驱动电流。CMOS 电路允许的最大灌电流一般只有 0.4mA 左右，而 TTL 电路的输入短路电流 I_{is} 约为 1.4mA。图 2.31 所示为 CMOS 电路驱动 TTL 电路的接口电路。

在图 2.31（a）中，用 NPN 三极管作接口，除了反相作用外，还利用三极管的电流放大作用，其集电极可为 TTL 负载提供足够大的驱动电流。

在图 2.31（b）中，利用六反相缓冲器 CC4049 或六同相缓冲器 CC4050 等专用接口组件直接驱动 TTL 负载。这类组件的 V_{DD} 引脚接+5V 电源，与负载 TTL 电路相同，而它们的输入端又允许超过电源电压，与 CMOS 电源相配合。

在图 2.31（c）中，利用双重 2 输入 OD“与非”门缓冲器/驱动器 CC40107 作接口驱动 TTL 电路，CC40107 的电源电压与 CMOS 一致，而所含的反相器又可采用+5V 电源。

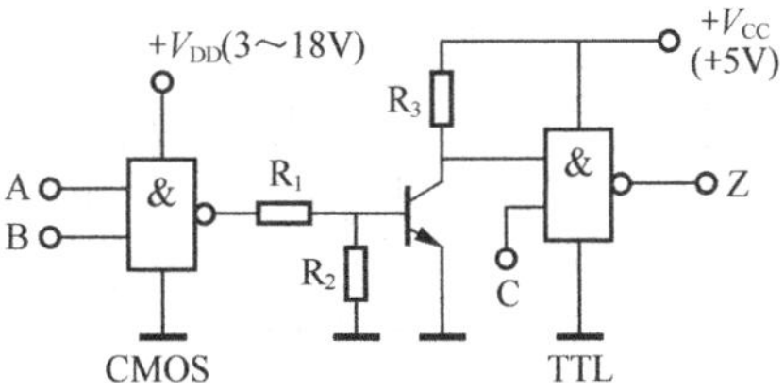

（a）利用 NPN 三极管作接口的 CMOS 驱动 TTL 电路

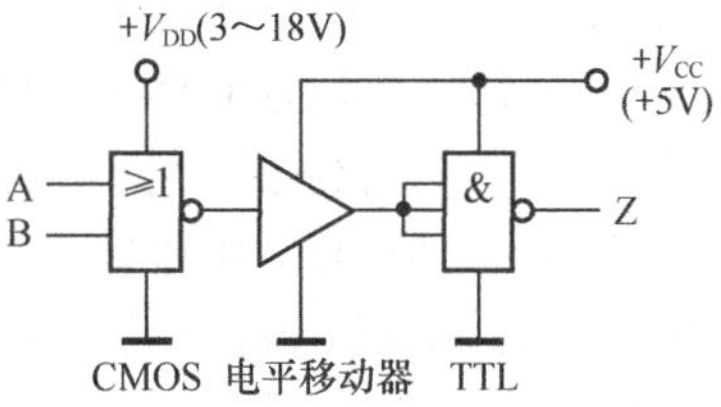

（b）利用 CC4050/49 作接口的 CMOS 驱动 TTL 电路

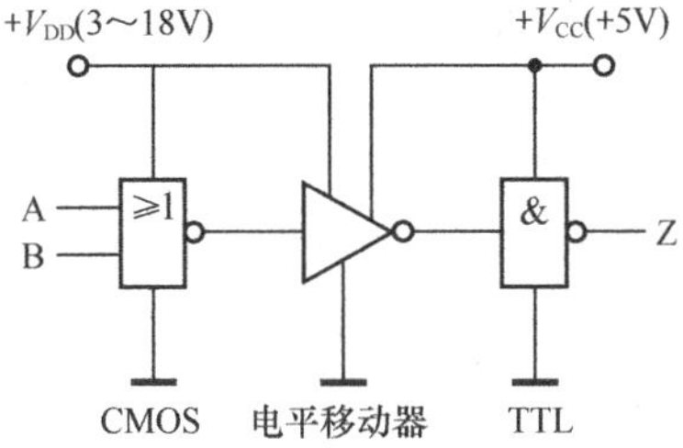

（c）利用 OD“与非”门 CC40107 作接口的 CMOS 驱动 TTL 电路

图 2.31

2. TTL 电路驱动 CMOS 电路

CMOS 电路的电源电压范围为 3V～18V，往往高于 TTL 电路的+5V，因此，用 TTL 电路去驱动 CMOS 电路时，必须将 TTL 的输出高电平值升高。通过接口电路可达此目的，如图 2.32 所示。

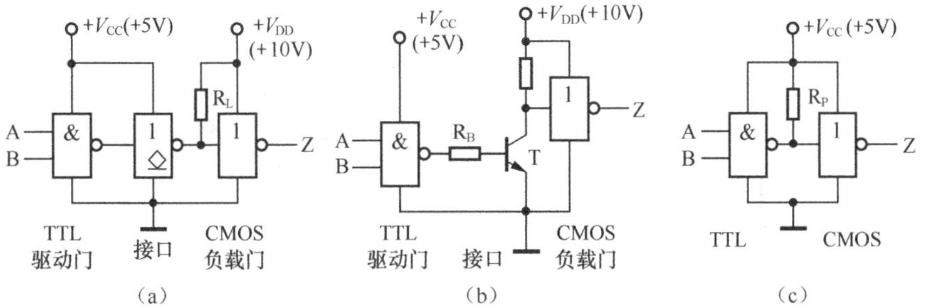

图 2.32 TTL 电路驱动 CMOS 电路

图 2.32（a）所示为利用 TTL 的 OC 门作接口，适当选取 OC 门的外接电源和 R_L 就可以满足 CMOS 电路对输入高电平的需要。例如 CMOS 电路的输入高电平需要 10V 时，将接口 OC 门外接+10V 电源即可。

图 2.32（b）所示为利用 NPN 开关管 VT 作接口，VT 管和 CMOS 电路可共用同一电源，当驱动门 TTL 输出低电平时，VT 管截止，其集电极输出 10V 的高电平，满足 CMOS 输入高电平值的要求；当驱动门 TTL 输出低电平时，VT 管饱和导通，其集电极输出低电平 0.3V 左右，当然也满足 CMOS 输入低电平值的要求。

图 2.32（c）所示为直接利用上拉电阻 R_P 作接口。当 TTL“与非”门输出端为高电平时，因 CMOS 电路输入电流为 0，所以流过 R_P 的电流为 0，使 TTL 输出高电平值提升到+5V，比通常 3.6V 要高，可满足 CMOS 电路的要求。

此外，还可以直接采用“四重低压转换高电压电平位移器 CC40109”作接口，如图 2.33 所示，它由两电源 V_{CC} 和 V_{DD} 供电，其接收端为对应于 V_{CC} 供电的 TTL 电平。

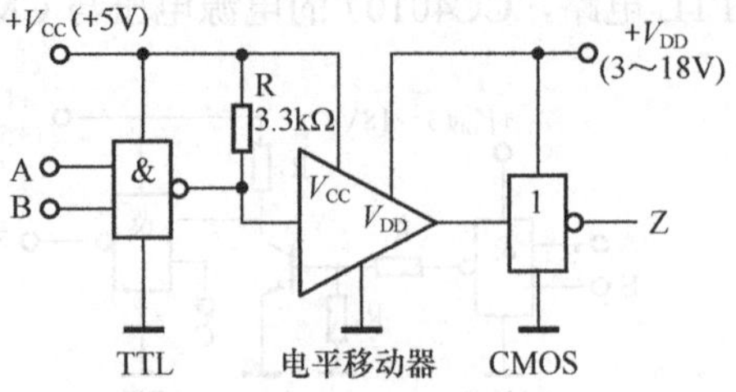

图 2.33　TTL-CMOS 电平位移芯片 CC40109 的应用

3．TTL 和 CMOS 门电路驱动其他负载

在许多场合，往往需要用 TTL 或 CMOS 电路去驱动指示灯、LED（发光二极管）或其他显示器、光电耦合器、继电器、晶闸管等不同的负载。TTL、CMOS 电路与这些负载之间的合理连接与正常驱动，也存在着接口技术问题，如图 2.34 所示。

图 2.34（a）所示为 TTL 驱动 LED 的标准接法。TTL 门具有较大的灌电流能力（例如 74LS00 的灌电流为 8mA，74S00 的灌电流为 20mA，7400 的灌电流为 16mA），当输出为低电平时 LED 发光点亮，当输出为高电平时 LED 不亮。

图 2.34（b）所示为 TTL 或 CMOS“与非”门直接驱动直流继电器。图中二极管 VD 为续流二极管，其作用是防止感性负载在变化瞬间产生高电压损坏门电路。当门电路输出低电平时，继电器 J 吸合，而当门电路输出高电平时，继电器 J 欠压而不工作。

图 2.34（c）所示为用 TTL 或 CMOS 门的输出脉冲去控制晶闸管（双向或单向晶闸管）。当门电路输出正脉冲时，晶闸管导通使主电路中的负载工作，如点亮交流 220V 白炽灯等。

若需要驱动大功率负载，则采用图 2.34（d）所示的电路，经过两级三极管的放大，可以使负载获得足够大的驱动电流。

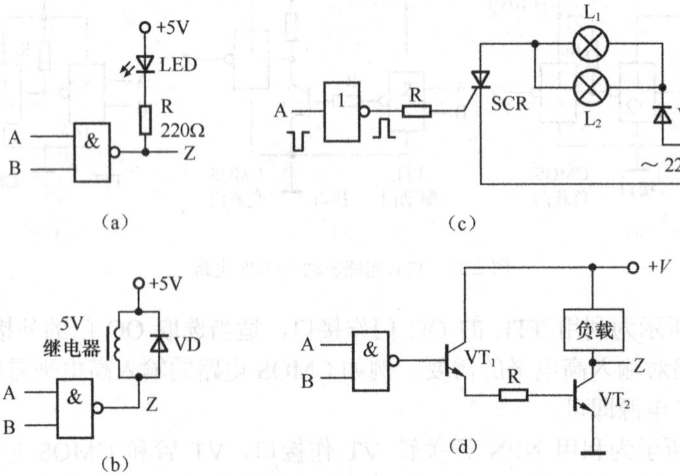

图 2.34　TTL 或 CMOS 电路驱动负载

2.6　抢答器开关电路的设计

一、工作要求

1．设计一个抢答器开关电路，可同时供 4 名选手或 4 个代表队参加比赛，各用一个抢答按钮。

2．抢答器具有数据锁存功能，抢答开始后，若有选手按动抢答按钮，信号立即锁存；此外，要封锁输入电路，实现优先锁存，禁止其他选手抢答。

二、工作任务

1．熟悉各种集成门电路的功能和使用；

2．熟悉电路仿真软件。

三、信息资料

1．《常用集成电路的管脚图》

2．《集成逻辑门电路的功能、符号和型号》

3．仿真软件

四、引导问题

1．设计的抢答器开关电路的应用场景？

2．制作的抢答器开关电路的功能？

3．需要哪些器件？其功能是什么？如何使用？

4．选择集成块应该注意的问题？

5．制作过程中需要考虑的安全问题及应对的措施？

五、工作计划

序号	工作阶段	材料清单	安全事项	时间安排
1				
2				
3				
4				
5				
6				
…				

六、设计的电路

七、结果分析

1．电路优点

2．电路缺点

3．应对的方法

项目小结

1．利用半导体器件可以构成“与”门、“或”门、“非”门、“与非”门、“或非”门、“异或”门等各种逻辑门电路，也可以构成三态门、OC 门等逻辑电路。随着集成电路技术的飞速发展，分立元件的数字电路已被集成电路所取代。

2．目前普遍使用的数字电路有两大类：一类是双极型数字集成电路，TTL、HTL、I^2L、ECL 都属于此类电路；另一类是金属氧化物半导体（MOS）数字集成电路。

3．在双极型数字集成电路中，TTL“与非”门电路在工业控制上应用最广泛，是本章介绍的重点，对该电路要着重了解其外部特性和参数，以及使用时的注意事项。

TTL 电路的优点是开关速度较高，抗干扰能力较强，带负载的能力也比较强；缺点是功耗较大。

4．在 MOS 数字集成电路中，CMOS 电路是重点。CMOS 电路具有制造工艺简单、功耗小、输入阻抗高、集成度高、电源电压范围宽等优点，其主要缺点是工作速度稍低，但随着集成工艺地不断改进，CMOS 电路的工作速度已有了大幅度提高，CMOS 电路在数字集成电路中被广泛应用。

习题二

2-1．试说明能否将“与非”门、“或非”门、“异或”门当作反相器使用？如果可以，其他输入端应如何连接？

2-2．题图 2-1 中，哪些电路的连接是正确的？写出其表达式。

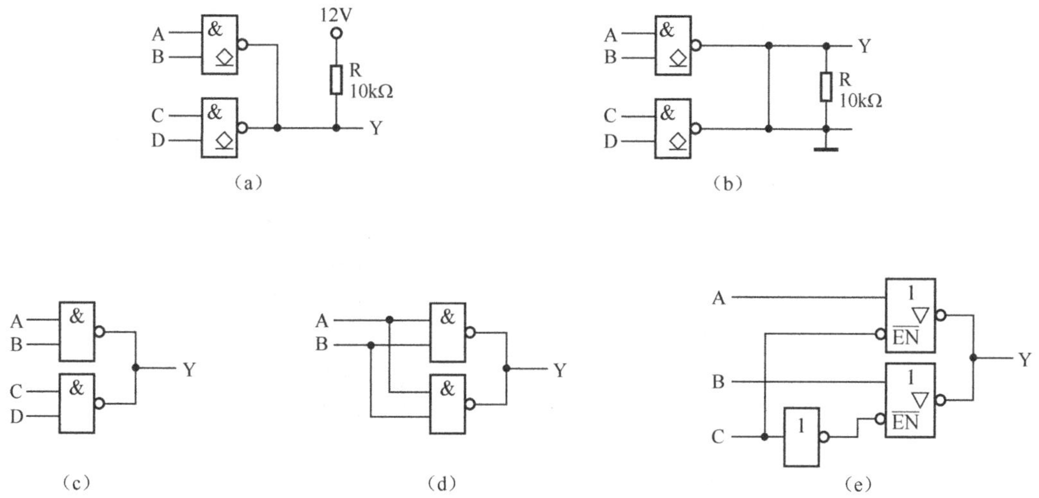

题图 2-1

2-3．题图 2-2 是用 74 系列门电路驱动发光二极管的电路，设发光二极管的导通电流为 10mA，要求 $U_I=U_{IH}$ 时，发光二极管 LED 导通并发光，试问题图 2-2（a）、（b）中哪一个合理？

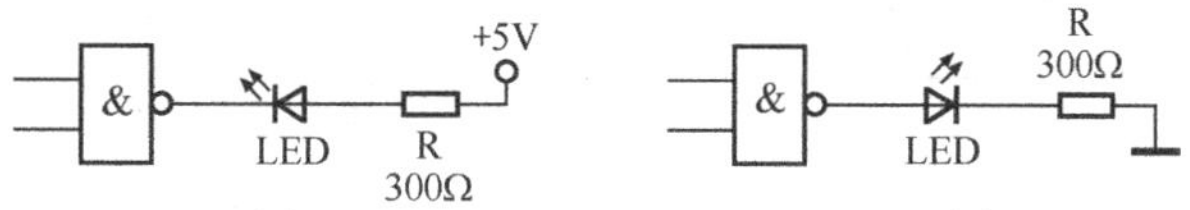

题图 2-2

2-4．试确定题图 2-3 中各门电路的输出是什么状态（高电平、低电平或高阻状态）。已知这些门电路都是 TTL74 系列电路。

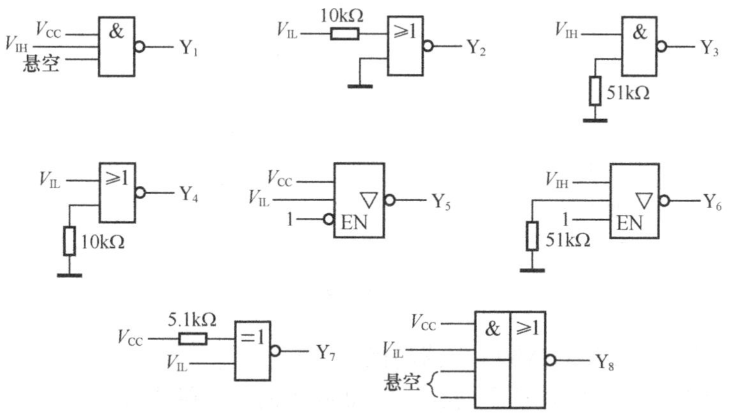

题图 2-3

2-5．说明题图 2-4 中各门电路的输出端是高电平还是低电平？已知它们都是 CC4000 系列的 CMOS 门电路。

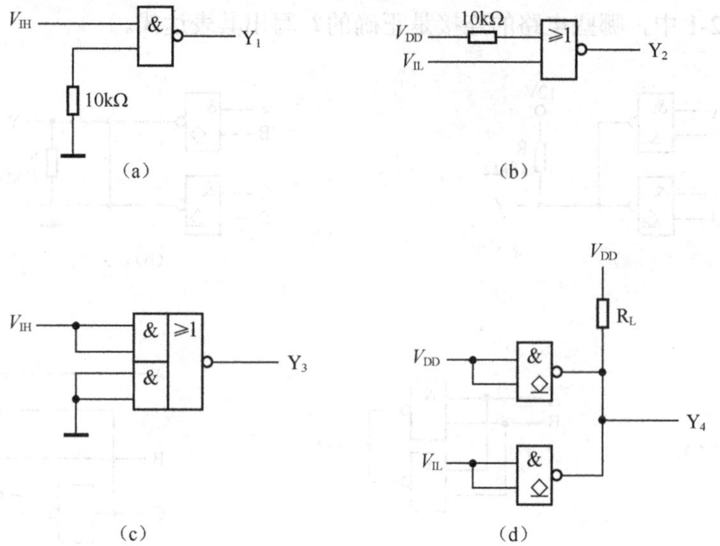

题图 2-4

2-6．说明题图 2-5 中各门电路的输出端是高电平还是低电平。已知它们都是 TTL 门电路。

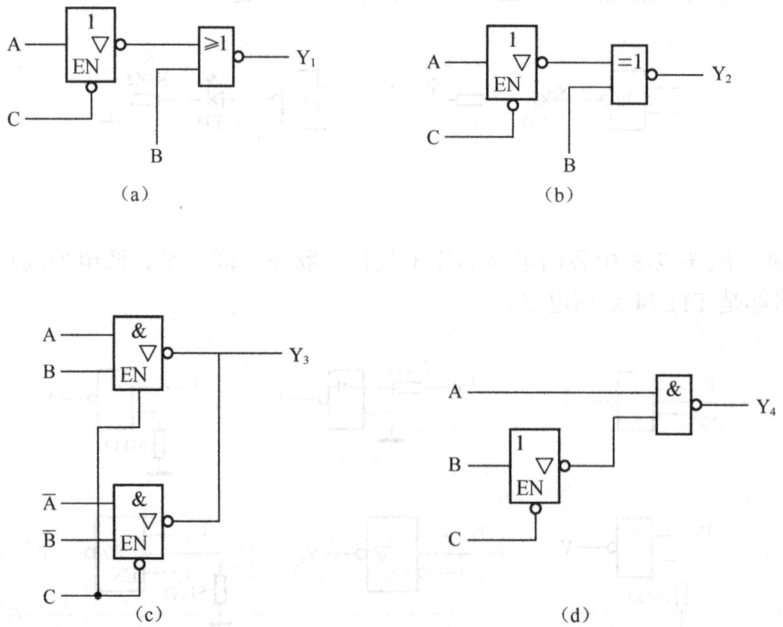

题图 2-5

2-7．试比较 TTL 电路和 CMOS 电路的优、缺点。

2-8．74LS 系列门电路能带几个同类门？4000 系列门电路能带几个同类门？

项目 3

组合逻辑电路——抢答器编译码显示电路的设计

本项目的任务是掌握组合逻辑电路的分析和设计方法，运用所学的知识分析常用组合逻辑电路的功能。

通过本项目的学习，能够对一些简单电路进行优化设计和对产品部分功能进行改造，会分析和调试常用中规模集成芯片的基本应用电路；会识别编码器、译码器和数码管的型号，明确各引脚功能；能完成计算器数字显示电路的设计与制作。

3.1 组合逻辑电路的分析和设计

数字电路按逻辑功能和电路结构的不同可划分为组合逻辑电路和时序逻辑电路两大类。

在任何时刻，输出状态只决定于该时刻各输入状态的组合，而与电路以前的状态无关的逻辑电路称为组合逻辑电路。

组合逻辑电路的特点是：

（1）输出与输入之间没有反馈延时通路；

（2）电路中没有记忆元件。

组合逻辑电路的表示方法除逻辑表达式外，还可以由真值表、卡诺图和逻辑电路图来表达，实际上由一种表示方法可推出另一种表示方法。

3.1.1 组合逻辑电路的分析

1. 组合逻辑电路的分析方法

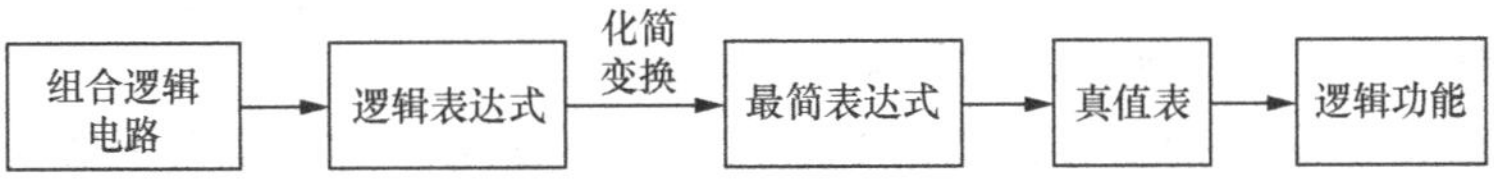

2. 分析举例

例 3.1 组合逻辑电路如图 3.1 所示，分析该电路的逻辑功能。

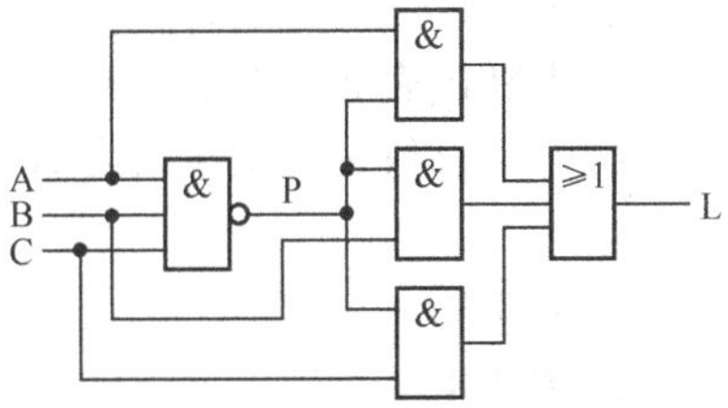

图 3.1 例 3.1 逻辑图

解：（1）由逻辑图逐级写出逻辑表达式

为方便推出表达式，可借助中间变量 P，得

$$P=\overline{ABC}$$

$$L=AP+BP+CP$$

$$=A\overline{ABC}+B\overline{ABC}+C\overline{ABC}$$

（2）化简和变换

因为下一步要列真值表，所以要先通过化简和变换，使表达式有利于列真值表，一般将逻辑函数变换成最简“与-或”表达式或最小项表达式。

$$L=\overline{ABC}(A+B+C)=\overline{ABC+\overline{A+B+C}}=\overline{ABC+\overline{A}\ \overline{B}\ \overline{C}}$$

（3）列出真值表

经过化简与变换的表达式为两个最小项之和的非，所以很容易列出真值表，见表3.1。

表3.1　例3.1真值表

A	B	C	L
0	0	0	0
0	0	1	1
0	1	0	1
0	1	1	1
1	0	0	1
1	0	1	1
1	1	0	1
1	1	1	0

（4）逻辑功能分析

由真值表可知，当 A、B、C 三个变量不一致时，电路输出为“1”，所以该组合逻辑电路称为“不一致电路”。

例 3.1 电路的输出变量只有一个，对于多输出变量的组合逻辑电路，分析方法完全相同。

3.1.2　组合逻辑电路的设计

1．基本设计步骤

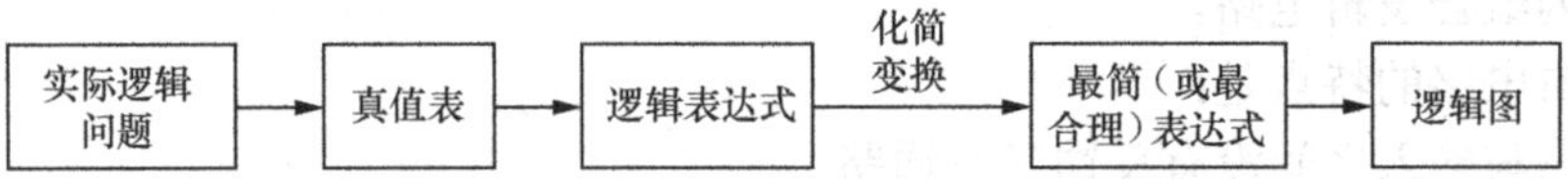

组合逻辑电路的设计一般应以电路简单、所用器件最少为目标，并尽量减少所用集成器件的种类，因此在电路设计过程中要用到前面介绍的代数法和卡诺图法来化简或转换逻辑函数。

2．设计举例

例 3.2　设计一个三人表决电路，结果按“少数服从多数”的原则决定。

解：（1）根据设计要求建立该逻辑函数的真值表

设三人的意见为变量 A、B、C，表决结果为函数 L。对变量及函数进行如下状态赋值：对于变量 A、B、C，设同意为逻辑“1”，不同意为逻辑“0”；对于函数 L，设事情通过为逻辑“1”，没通过为逻辑“0”。

列出真值表如表 3.2 所示。

（2）由真值表写出逻辑表达式

$$L=\overline{A}BC+A\overline{B}C+AB\overline{C}+ABC$$

（3）化简

将该逻辑函数填入卡诺图，如图 3.2 所示；合并最小项，得最简“与-或”表达式

$$L=AB+BC+AC$$

表 3.2　　　　　　例 3.2 真值表

A	B	C	L
0	0	0	0
0	0	1	0
0	1	0	0
0	1	1	1
1	0	0	0
1	0	1	1
1	1	0	1
1	1	1	1

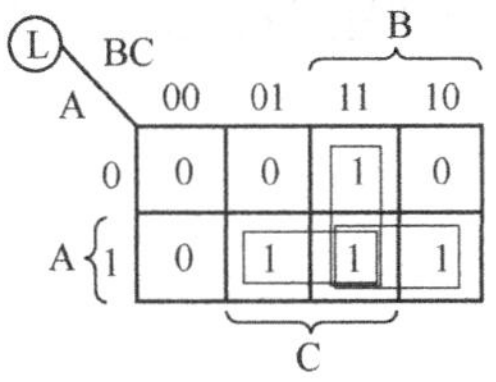

图 3.2　例 3.2 卡诺图

（4）画出逻辑图

根据上述“与-或”表达式，可画出相应逻辑图，如图 3.3 所示。

如果要求用“与非”门实现该逻辑电路，则先将上述“与-或”表达式转换成“与非-与非”表达式，得

$$L = AB + BC + AC = \overline{\overline{AB}\cdot\overline{BC}\cdot\overline{AC}}$$

再画出相应逻辑图，如图 3.4 所示。

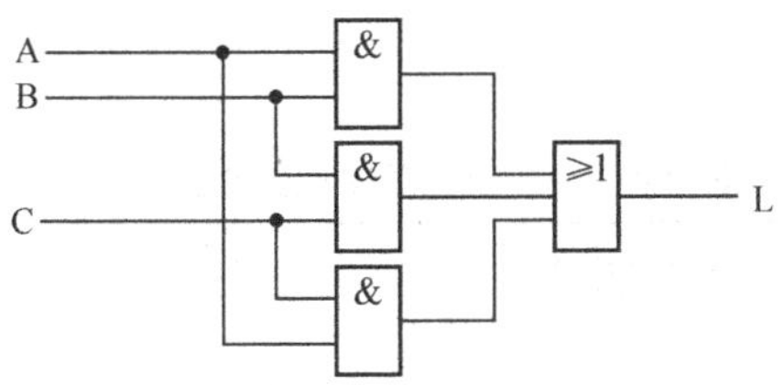

图 3.3　例 3.2 逻辑图

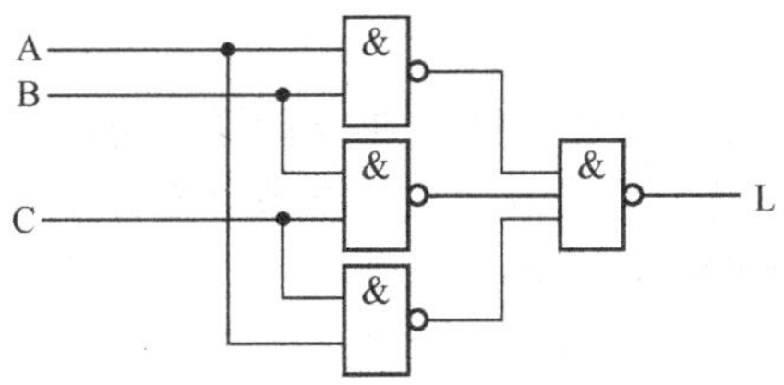

图 3.4　例 3.2 用“与非”门实现的逻辑图

例 3.3　设计一个电话机信号控制电路。电路有 I_0（火警）、I_1（盗警）和 I_2（日常业务）三种输入信号，通过排队电路分别从 L_0、L_1 和 L_2 输出，在同一时间只能有一个信号通过；如果同时有两个或两个以上信号出现时，应首先接通火警信号，其次为盗警信号，最后是日常业务信号；试按照上述轻重缓急设计该信号控制电路。要求用集成门电路 74LS00（每片含 4 个二输入端“与非”门）实现。

解：（1）列真值表

对于输入变量 I_0、I_1、I_2，设有信号时为逻辑“1”，没信号时为逻辑“0”；对于输出变量 L_0、L_1、L_2，设允许通过为逻辑“1”，不允许通过为逻辑“0”，如表 3.3 所示。

表 3.3

输　入			输　出		
I_0	I_1	I_2	L_0	L_1	L_2
0	0	0	0	0	0
1	×	×	1	0	0
0	1	×	0	1	0
0	0	1	0	0	1

（2）由真值表写出各输出逻辑表达式

$$L_0 = I_0$$

$$L_1 = \overline{I_0} I_1$$

$$L_2 = \overline{I_0}\,\overline{I_1} I_2$$

根据上述逻辑表达式，实现该逻辑函数需要用“非”门和“与”门；且逻辑函数 L_2 需要用三输入端“与”门才能实现，故不符合设计要求。

（3）根据设计要求，将上式转换为“与非”表达式

$$L_0 = I_0$$

$$L_1 = \overline{\overline{\overline{I_0} I_1}}$$

$$L_2 = \overline{\overline{\overline{I_0}\,\overline{I_1} I_2}} = \overline{\overline{\overline{\overline{I_0}\,\overline{I_1}}} \cdot I_2}$$

（4）画出逻辑图

如图 3.5 所示，用两片集成“与非“门 74LS00 来实现。

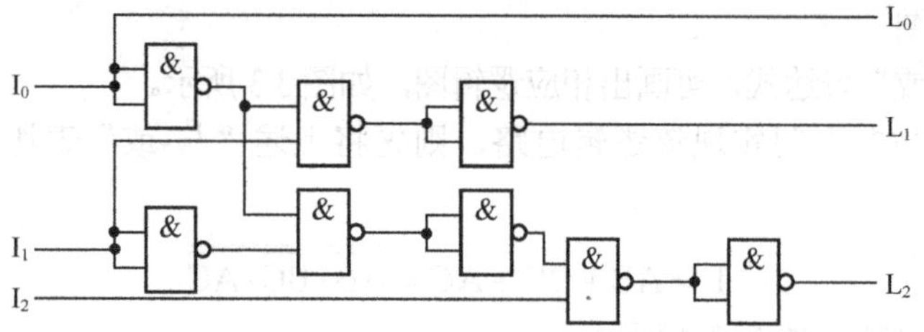

图 3.5　例 3.3 逻辑图

由上述分析可知，在设计逻辑电路时，有时并不是表达式最简单就能满足设计要求，还应该考虑所使用集成器件的种类；将逻辑表达式转换成所用集成器件实现的形式，并尽量使所用集成器件最少，这就是基本设计步骤所说的“最合理表达式”。

例 3.4　设计一个将余 3 码变换成 8421BCD 码的组合逻辑电路。

解：（1）根据题目要求，列出真值表，如表 3.4 所示。

表 3.4　余 3 码变换成 8421BCD 码的真值表

输入（余 3 码）				输出（8421 码）			
A_3	A_2	A_1	A_0	L_3	L_2	L_1	L_0
0	0	1	1	0	0	0	0
0	1	0	0	0	0	0	1
0	1	0	1	0	0	1	0
0	1	1	0	0	0	1	1
0	1	1	1	0	1	0	0
1	0	0	0	0	1	0	1
1	0	0	1	0	1	1	0
1	0	1	0	0	1	1	1
1	0	1	1	1	0	0	0
1	1	0	0	1	0	0	1

（2）用卡诺图进行化简

本设计有 4 个输入变量和 4 个输出变量，故分别画出 4 个四变量卡诺图，如图 3.6 所示。

注意：余 3 码中有 6 个无关项，应充分利用，使逻辑函数尽量简单。根据逻辑函数的卡诺图化简法，得最简逻辑表达式

$$L_0 = \overline{A_0}$$

$$L_1 = A_1\overline{A_0} + A_0\overline{A_1} = A_1 \oplus A_0$$

$$L_2 = \overline{A_2}\,\overline{A_0} + A_2A_1A_0 + A_3\overline{A_1}A_0 = \overline{\overline{\overline{A_2}\,\overline{A_0}} \cdot \overline{A_2A_1A_0} \cdot \overline{A_3\overline{A_1}A_0}}$$

$$L_3 = A_3A_2 + A_3A_1A_0 = \overline{\overline{A_3A_2} \cdot \overline{A_3A_1A_0}}$$

（3）根据逻辑表达式，画出图 3.7 所示的逻辑图。

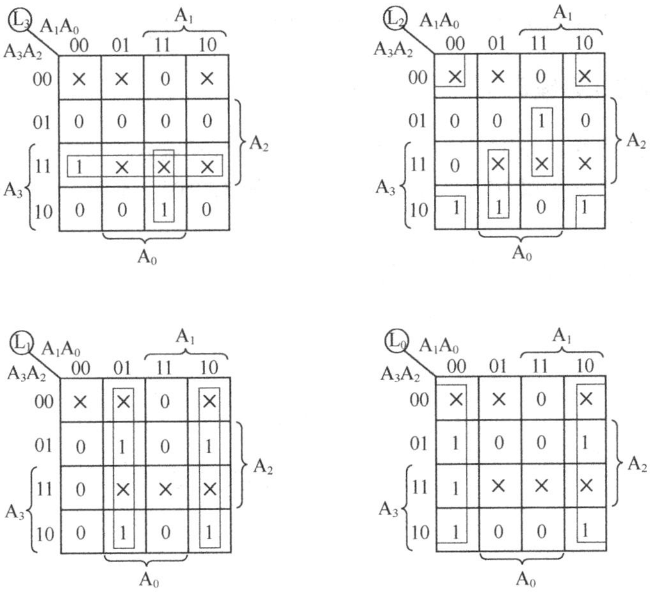

图 3.6　余 3 码变换成 8421BCD 码的卡诺图

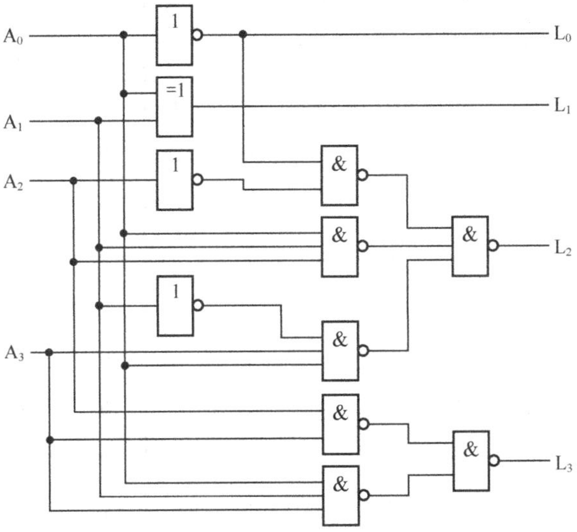

图 3.7　余 3 码变换成 8421BCD 码的逻辑图

3.2　常用的组合逻辑电路

3.2.1　编码器

将字母、数字和符号等信息编成一组二进制代码的过程称为编码；实现编码操作的电路称为编码器。编码器分为二进制编码器和十进制编码器，各种编码器的工作原理类似，设计方法也相同。集成二进制编码器和集成十进制编码器均采用优先编码方案。

1. 键控 8421BCD 码编码器

如表 3.5 所示真值表，左端的 10 个按键 S_0～S_9 代表输入的 10 个十进制数码 0～9；输入为低电平有效，即某一按键按下，对应的输入信号为“0”；输出为 8421BCD 码，有 A、B、C、D 四个输出端。

根据真值表，写出输出函数的逻辑表达式

$$A=\overline{S_8}+\overline{S_9}=\overline{S_8S_9}$$

$$B=\overline{S_4}+\overline{S_5}+\overline{S_6}+\overline{S_7}=\overline{S_4S_5S_6S_7}$$

$$C=\overline{S_2}+\overline{S_3}+\overline{S_6}+\overline{S_7}=\overline{S_2S_3S_6S_7}$$

$$D=\overline{S_1}+\overline{S_3}+\overline{S_5}+\overline{S_7}+\overline{S_9}=\overline{S_1S_3S_5S_7S_9}$$

表 3.5 键控 8421BCD 码编码器真值表

输入										输出				
S_9	S_8	S_7	S_6	S_5	S_4	S_3	S_2	S_1	S_0	A	B	C	D	GS
1	1	1	1	1	1	1	1	1	1	0	0	0	0	0
1	1	1	1	1	1	1	1	1	0	0	0	0	0	1
1	1	1	1	1	1	1	1	0	1	0	0	0	1	1
1	1	1	1	1	1	1	0	1	1	0	0	1	0	1
1	1	1	1	1	1	0	1	1	1	0	0	1	1	1
1	1	1	1	1	0	1	1	1	1	0	1	0	0	1
1	1	1	1	0	1	1	1	1	1	0	1	0	1	1
1	1	1	0	1	1	1	1	1	1	0	1	1	0	1
1	1	0	1	1	1	1	1	1	1	0	1	1	1	1
1	0	1	1	1	1	1	1	1	1	1	0	0	0	1
0	1	1	1	1	1	1	1	1	1	1	0	0	1	1

根据逻辑表达式画出逻辑图，如图 3.8 所示。其中 GS 为控制使能标志，当按下 S_0～S_9 任意一个键时，GS=1，表示有信号输入；当 S_0～S_9 均没按下时，GS=0，表示没有信号输入，此时输出代码 0000 为无效代码。

2. 二进制编码器

用 n 位二进制代码对 2^n 个信号进行编码的电路称为二进制编码器。

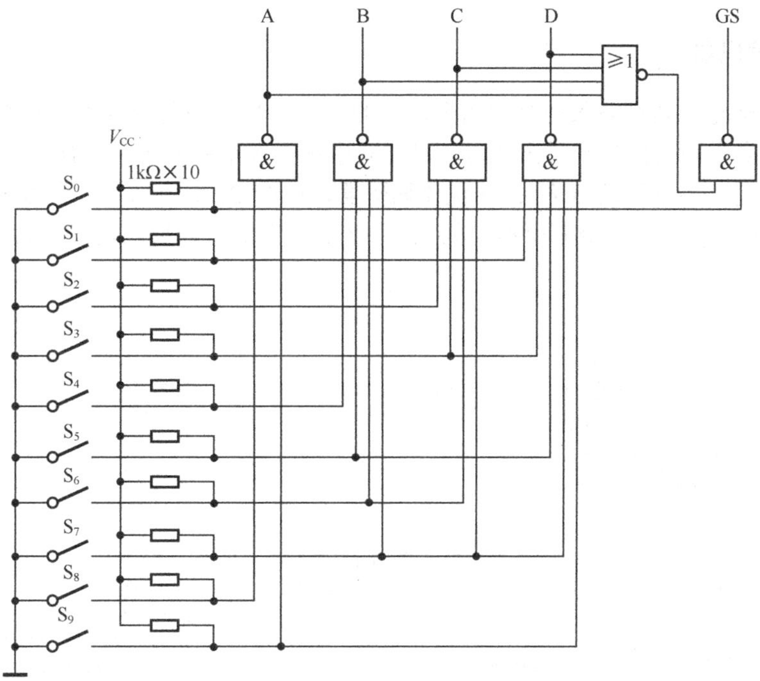

图 3.8　键控 8421BCD 码编码器

3 位二进制编码器有 8 个输入端和 3 个输出端，所以常称为 8 线-3 线编码器，其真值表见表 3.6 所示，输入为高电平有效。

表 3.6　　3 位二进制编码器真值表

输入								输出		
I_0	I_1	I_2	I_3	I_4	I_5	I_6	I_7	A_2	A_1	A_0
1	0	0	0	0	0	0	0	0	0	0
0	1	0	0	0	0	0	0	0	0	1
0	0	1	0	0	0	0	0	0	1	0
0	0	0	1	0	0	0	0	0	1	1
0	0	0	0	1	0	0	0	1	0	0
0	0	0	0	0	1	0	0	1	0	1
0	0	0	0	0	0	1	0	1	1	0
0	0	0	0	0	0	0	1	1	1	1

（1）由真值表写出各输出的逻辑表达式为

$$A_2=\overline{\overline{I_4}\,\overline{I_5}\,\overline{I_6}\,\overline{I_7}}$$

$$A_1=\overline{\overline{I_2}\,\overline{I_3}\,\overline{I_6}\,\overline{I_7}}$$

$$A_0=\overline{\overline{I_1}\,\overline{I_3}\,\overline{I_5}\,\overline{I_7}}$$

（2）用门电路实现逻辑电路，如图 3.9 所示。

3. 优先编码器

优先编码器允许同时输入两个或两个以上的编码信号，编码器给所有的输入信号规定了优先顺序，当多个输入信号同时出现时，只对其中优先级最高的一个进行编码。

74LS148 是一种常用的 8 线-3 线优先编码器，如图 3.10 所示。其中 I_0～I_7 为编码输入端，低电平有效；Y_0～Y_2 为编码输出端，也为低电平有效，即反码输出；其他功能如表 3.7 所示。

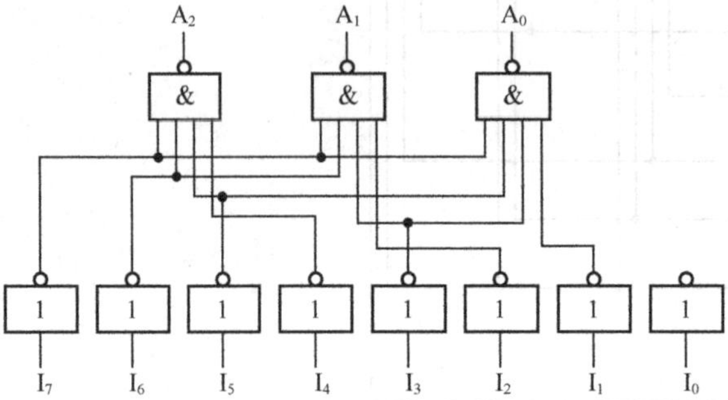

图 3.9　3 位二进制编码器

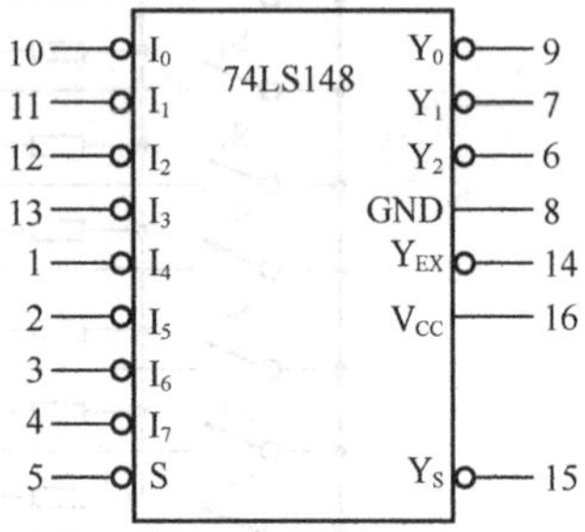

图 3.10　74LS148 优先编码器

表 3.7　　74LS148 优先编码器真值表

使能输入端	输　入								输　出			扩展输出端	使能输出端
S	I_0	I_1	I_2	I_3	I_4	I_5	I_6	I_7	Y_2	Y_1	Y_0	Y_{EX}	Y_S
1	×	×	×	×	×	×	×	×	1	1	1	1	1
0	1	1	1	1	1	1	1	1	1	1	1	1	0
0	×	×	×	×	×	×	×	0	0	0	0	0	1
0	×	×	×	×	×	×	0	1	0	0	1	0	1
0	×	×	×	×	×	0	1	1	0	1	0	0	1
0	×	×	×	×	0	1	1	1	0	1	1	0	1
0	×	×	×	0	1	1	1	1	1	0	0	0	1
0	×	×	0	1	1	1	1	1	1	0	1	0	1
0	×	0	1	1	1	1	1	1	1	1	0	0	1
0	0	1	1	1	1	1	1	1	1	1	1	0	1

（1）S 为使能输入端，低电平有效。只有 S=0 时编码器工作，S=1 时编码器不工作。

（2）优先顺序为 $I_7 \rightarrow I_0$，即 I_7 的优先级最高，然后是 I_6、I_5、…、I_0，即只要 $I_7=0$ 时，不管其他输入端是 0 还是 1，只对输入 I_7 编码，且对应的输出为反码有效，$Y_2Y_1Y_0=000$。

（3）Y_S 为使能输出端，高电平有效。当 S=0 允许工作时，如果 I_0～I_7 端有信号输入，$Y_S=1$；如果 I_0～I_7 端无信号输入，$Y_S=0$。

（4）Y_{EX} 为编码器的扩展输出端，低电平有效。当 S=0 时，只要有编码信号，Y_{EX} 就是低电平。

74LS148 优先编码器的逻辑图如图 3.11 所示。

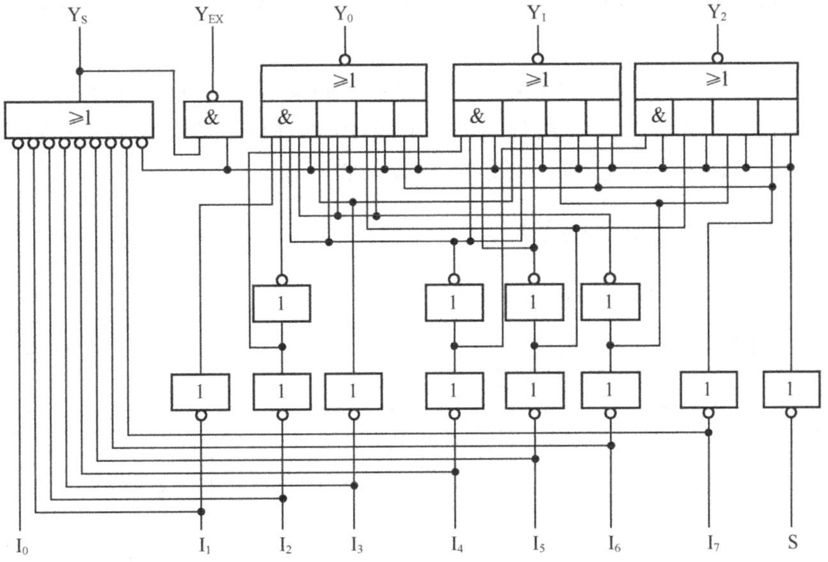

图 3.11　74LS148 优先编码器的逻辑图

4．优先编码器的扩展

74LS148 优先编码器可以多级连接进行功能扩展，如用两块 74LS148 可以扩展成一个 16 线-4 线优先编码器，如图 3.12 所示。

从图 3.12 可以看出，高位片 S_1=0 允许对高位输入 I_8～I_{15} 编码，此时高位 Y_S=1，则 S_0=1，低位片禁止编码；但若 I_8～I_{15} 都是高电平，即高位片均无编码要求，则高位 Y_S=0，那么 S_0=0，允许低位片对输入 I_0～I_7 编码。显然，高位片的编码级别优先于低位片。

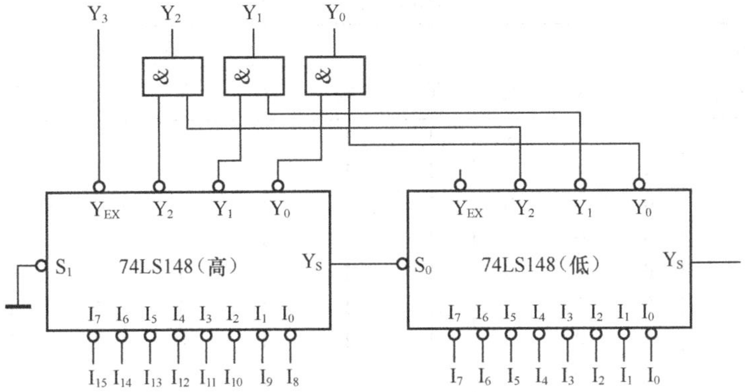

图 3.12　16 线-4 线优先编码器

3.2.2 译码器

把代码状态的特定含义翻译出来的过程称为译码，实现译码操作的电路称为译码器。译码器分二进制译码器、十进制译码器及字符显示译码器，各种译码器的工作原理类似，设计方法也相同。

假设译码器有 n 个输入信号和 N 个输出信号，如果 $N=2^n$，称为全译码器，常见的全译码器有 2 线-4 线译码器、3 线-8 线译码器、4 线-16 线译码器等；如果 $N<2^n$，称为部分译码器，如二-十进制译码器（也称作 4 线-10 线译码器）等。

1. 二进制译码器（变量译码器）

表 3.8 所示为 2 线-4 线译码器的功能表。

表 3.8　　2 线-4 线译码器功能表

输入			输出			
EI	A	B	Y_0	Y_1	Y_2	Y_3
1	×	×	1	1	1	1
0	0	0	0	1	1	1
0	0	1	1	0	1	1
0	1	0	1	1	0	1
0	1	1	1	1	1	0

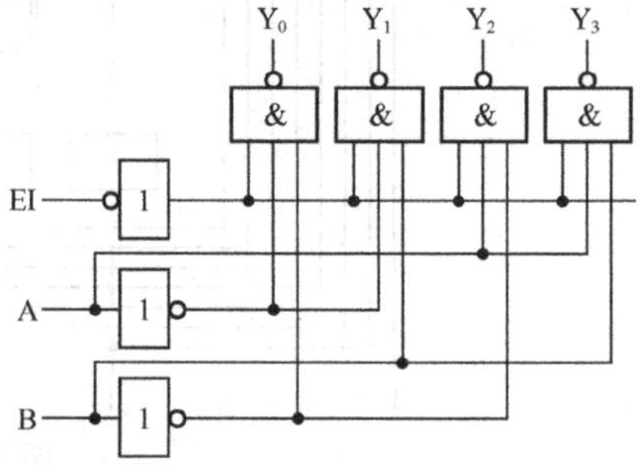

图 3.13　2 线-4 线译码器逻辑电路

根据表 3.8 可写出各输出函数表达式

$$Y_0=\overline{\overline{EI}\ \overline{A}\ \overline{B}}$$

$$Y_1=\overline{\overline{EI}\ \overline{A}B}$$

$$Y_2=\overline{\overline{EI}A\overline{B}}$$

$$Y_3=\overline{\overline{EI}AB}$$

用门电路实现 2 线-4 线译码器的逻辑电路，如图 3.13 所示。

变量译码器种类很多，常用的有 TTL 系列的 54/74H138、54/74LS138；CMOS 系列的 54/74HC138、54/74HCT138 等。图 3.14 所示为 74LS138 的符号图，其逻辑功能如表 3.9 所示。

表 3.9　　74LS138 译码器功能表

输入					输出							
G_1	$\overline{G_{2A}+G_{2B}}$	A_2	A_1	A_0	Y_7	Y_6	Y_5	Y_4	Y_3	Y_2	Y_1	Y_0
×	0	×	×	×	1	1	1	1	1	1	1	1
0	×	×	×	×	1	1	1	1	1	1	1	1
1	1	0	0	0	1	1	1	1	1	1	1	0
1	1	0	0	1	1	1	1	1	1	1	0	1
1	1	0	1	0	1	1	1	1	1	0	1	1
1	1	0	1	1	1	1	1	1	0	1	1	1
1	1	1	0	0	1	1	1	0	1	1	1	1
1	1	1	0	1	1	1	0	1	1	1	1	1
1	1	1	1	0	1	0	1	1	1	1	1	1
1	1	1	1	1	0	1	1	1	1	1	1	1

由表 3.9 可知，74LS138 译码器能译出三个输入变量的全部状态。该译码器设置了 G_1、G_{2A}、G_{2B} 三个使能输入端，当 G_1=1，G_{2A}=G_{2B}=0 时，译码器处于工作状态，否则译码器不工作。

2. 译码器的应用

（1）译码器的扩展

利用译码器的使能端可以很方便地扩展译码器的容量。

图 3.15 所示是将两片 74LS138 扩展为 4 线-16 线译码器，其工作原理为：当 A_3=0，高位片禁止，低位片工作，输出 Y_0～Y_7 由输入二进制代码 $A_2A_1A_0$ 决定；如果 A_3=1，低位片禁止，高位片工作，输出 Y_8～Y_{15} 由输入二进制代码 $A_2A_1A_0$ 决定，从而实现了 4 线-16 线译码器功能。

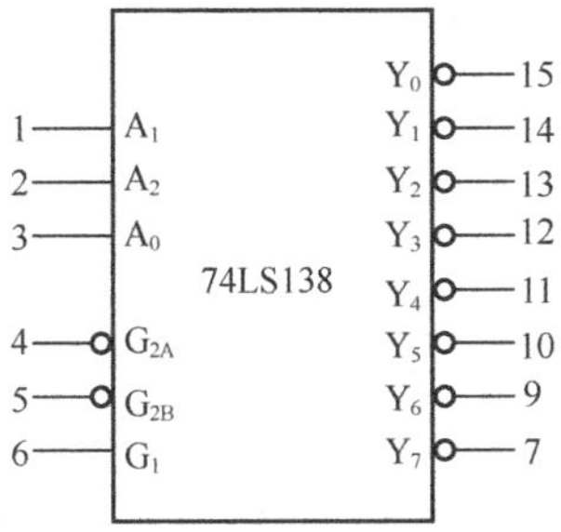

图 3.14　74LS138 的符号图

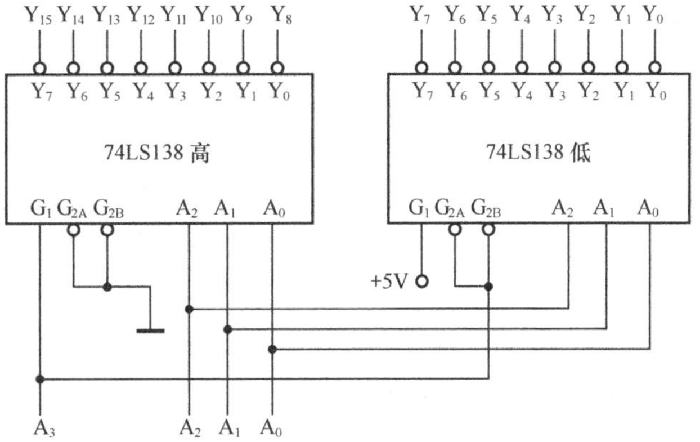

图 3.15　两片 74LS138 扩展为 4 线-16 线译码器

（2）实现组合逻辑电路

由于译码器的每个输出端分别与一个最小项相对应，因此辅以适当的门电路，便可实现任何组合逻辑函数。

例 3.5　试用译码器和门电路实现逻辑函数

$$L=AB+BC+AC$$

解：（1）将逻辑函数转换成最小项表达式，再转换成"与非-与非"形式。

$$L=\bar{A}BC+A\bar{B}C+AB\bar{C}+ABC$$
$$=m_3+m_5+m_6+m_7$$
$$=\overline{\overline{m_3}\cdot\overline{m_5}\cdot\overline{m_6}\cdot\overline{m_7}}$$

（2）该函数有三个变量，所以选用 3 线-8 线译码器 74LS138。

用一片 74LS138 和一个"与非"门便可实现逻辑函数 L，如图 3.16 所示。

例 3.6　某组合逻辑电路的真值表如表 3.10 所示，试用译码器和门电路设计该逻辑电路。

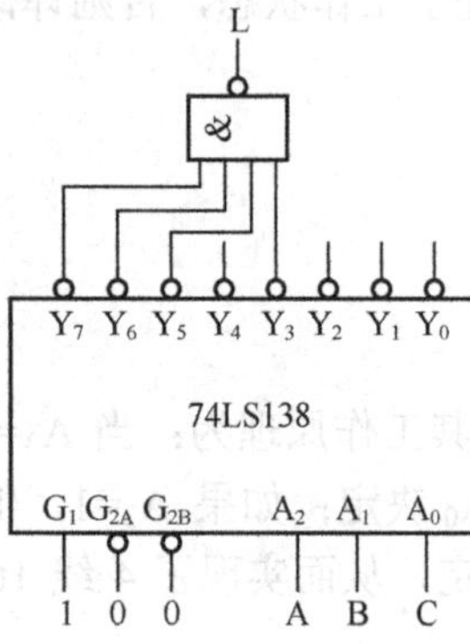

图 3.16 例 3.5 图

表 3.10 例 3.6 的真值表

输入			输出		
A	B	C	L	F	G
0	0	0	0	0	1
0	0	1	1	0	0
0	1	0	1	0	1
0	1	1	0	1	0
1	0	0	1	0	1
1	0	1	0	1	0
1	1	0	0	1	1
1	1	1	1	0	0

解：（1）写出各输出的最小项表达式，再转换成“与非-与非”形式。

$$L = \bar{A}\,\bar{B}C + \bar{A}B\bar{C} + A\bar{B}\,\bar{C} + ABC$$

$$= m_1 + m_2 + m_4 + m_7 = \overline{\bar{m}_1 \cdot \bar{m}_2 \cdot \bar{m}_4 \cdot \bar{m}_7}$$

$$F = \bar{A}BC + A\bar{B}C + AB\bar{C}$$

$$= m_3 + m_5 + m_6 = \overline{\bar{m}_3 \cdot \bar{m}_5 \cdot \bar{m}_6}$$

$$G = \bar{A}\,\bar{B}\,\bar{C} + \bar{A}B\bar{C} + A\bar{B}\,\bar{C} + AB\bar{C}$$

$$= m_0 + m_2 + m_4 + m_6 = \overline{\bar{m}_0 \cdot \bar{m}_2 \cdot \bar{m}_4 \cdot \bar{m}_6}$$

（2）选用 3 线-8 线译码器 74LS138

设 $A=A_2$、$B=A_1$、$C=A_0$，将 L、F、G 的逻辑表达式与 74LS138 的输出表达式相比较，得

$$L = \overline{\bar{Y}_1 \cdot \bar{Y}_2 \cdot \bar{Y}_4 \cdot \bar{Y}_7}$$

$$F = \overline{\bar{Y}_3 \cdot \bar{Y}_5 \cdot \bar{Y}_6}$$

$$G = \overline{\bar{Y}_0 \cdot \bar{Y}_2 \cdot \bar{Y}_4 \cdot \bar{Y}_6}$$

用一片 74LS138 和三个“与非”门就可实现该组合逻辑电路，如图 3.17 所示。

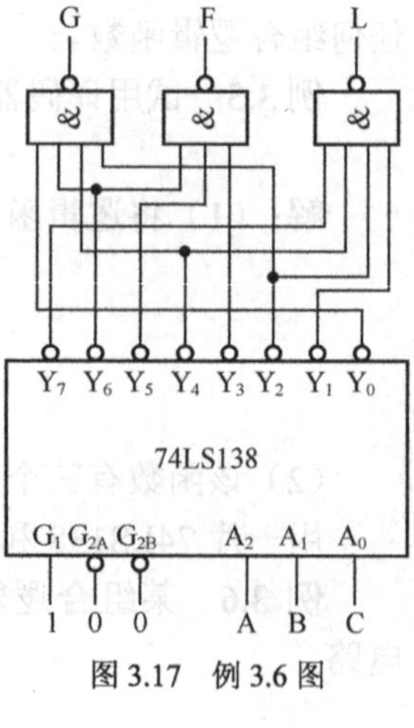

图 3.17 例 3.6 图

3．数字显示译码器

在数字系统中，常常需要将数字、字母、符号等直观地显示出来，供人们读取或监视系统的工作情况，能够显示数字、字母或符号的器件称为数字显示器。

在数字电路中，数字都是以一定的代码形式出现的，所以要显示数字，首先必须将这些数字代码进行译码，再送到数字显示器去显示。这种能把数字翻译成数字显示器所能识别的信号的译码器称为数字显示译码器。

数字显示器有多种类型，如半导体显示器（又称发光二极管

（LED）显示器）、荧光显示器、液晶显示器、气体放电管显示器等。目前应用最广泛的是由发光二极管构成的七段数字显示器。

（1）七段数字显示器原理

七段数字显示器将 7 个发光二极管（加小数点为 8 个）按一定的方式排列起来，7 段 a、b、c、d、e、f、g（小数点 DP）各对应一个发光二极管，利用不同发光段的组合，显示不同的阿拉伯数字，如图 3.18 所示。

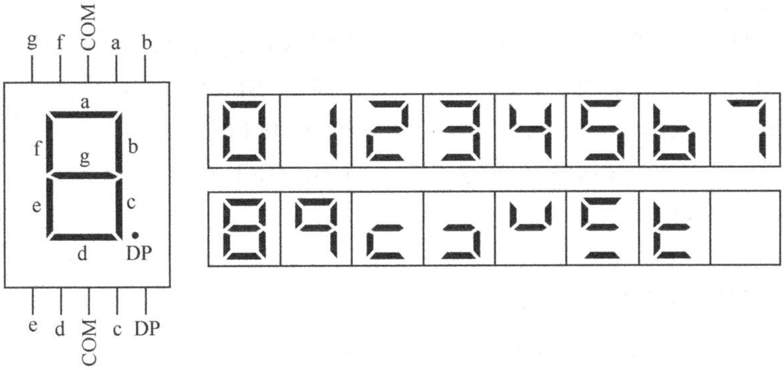

（a）显示器　　（b）段组合图

图 3.18　七段数字显示器及发光段组合图

按内部连接方式不同，七段数字显示器分为共阴极和共阳极两种接法，如图 3.19 所示。

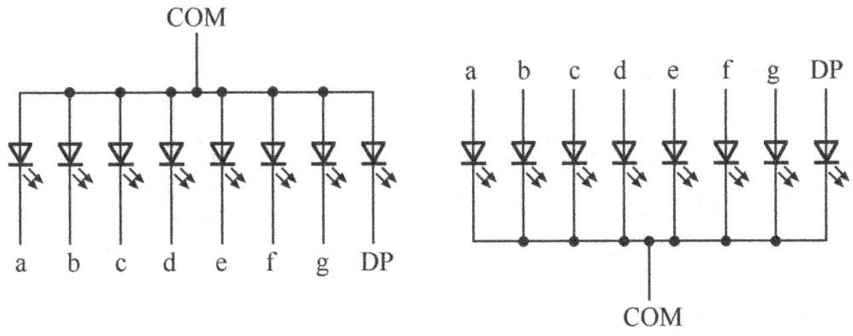

（a）共阳极接法　　（b）共阴极接法

图 3.19　半导体数字显示器的内部接法

半导体显示器的优点是工作电压较低（1.5～3V）、体积小、寿命长、亮度高、响应速度快、工作可靠性高，缺点是工作电流大，每个字段的工作电流约为 10mA。

（2）七段显示译码器 7448

七段显示译码器 7448 是一种与共阴极数字显示器配合使用的集成译码器，它的功能是将输入的 4 位二进制代码转换成显示器所需要的 7 个段信号 a～g。

如图 3.20 所示，a～g 为译码输出端；七段显示译码器 7448 还有 3 个控制端：试灯输入端 LT、灭零输入端 RBI、特殊控制端 BI/RBO，其功能为：

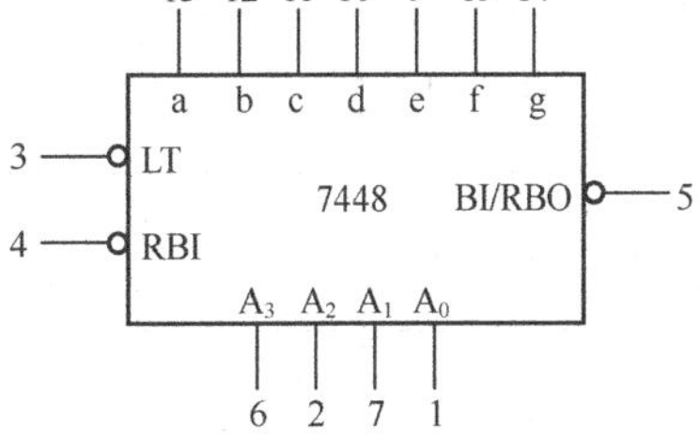

图 3.20　7448 的结构

① 正常译码显示

当 LT=1，BI/RBO = 1 时，对十进制数 1～15 的二进制码（0001～1111）进行译码，产生对应的七段显示码。

② 灭零

当输入为“0”（二进制码为0000）时，若输入 RBI =0，译码器的 a～g 输出全“0”，使显示器全灭；只有当 RBI =1 时，才产生“0”的七段显示码，所以 RBI 称为灭零输入端。

③ 试灯

当 LT=0 时，无论输入怎样，a～g 输出全“1”，数码管七段全亮，由此可以检测显示器 7 个发光段的好坏，LT 称为试灯输入端。

④ 特殊控制端 BI/RBO

BI/RBO 可以作输入端，也可以作输出端。作输入端使用时，如果 BI=0 时，不管其他输入端为何值，a～g 均输出“0”，显示器全灭，因此 BI 称为灭灯输入端；作输出端使用时，受控于 RBI，当 RBI=0，输入为“0”（二进制码 0000）时，RBO=0，用以指示该片正处于灭零状态，所以 RBO 又称为灭零输出端。将 BI/RBO 和 RBI 配合使用，可以实现多位数字显示时的“无效 0 消隐”功能。

3.2.3 数据选择器

在数字系统中，当需要将多路数据进行远距离传输时，为减少传输线的数目，往往是多路数据共用一条传输总线传送信息。

能够实现从多路数据中选择一路进行传输的电路称为数据选择器。数据选择器的功能就是按要求从多路数据输入中选择一路输出，其功能如同图 3.21 所示的单刀多掷开关。

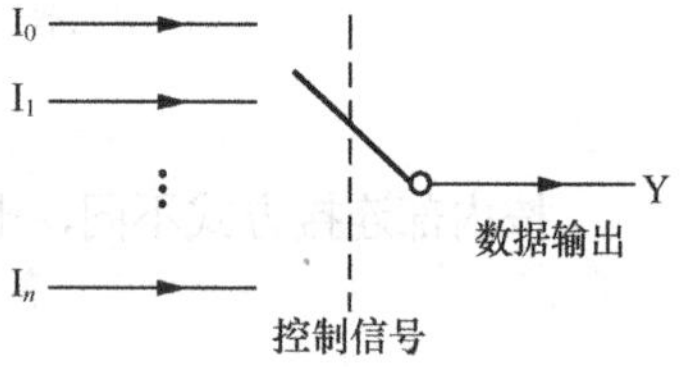

图 3.21 数据选择器原理图

1. 数据选择器工作原理

表 3.11 所示为四选一数据选择器 74153 的功能表，其中 A_1、A_0 为控制信号，也叫作地址控制信号或地址码，D_0～D_3 为供选择的输入信号，G 为选通端或使能端。当 G=1 时，选择器不工作，禁止数据输入；当 G=0 时，选择器正常工作，允许数据选通。

表 3.11 4 选 1 数据选择器功能表

输入							输出
G	A_1	A_0	D_3	D_2	D_1	D_0	Y
1	×	×	×	×	×	×	0
0	0	0	×	×	×	0	0
			×	×	×	1	1
0	0	1	×	×	0	×	0
			×	×	1	×	1
0	1	0	×	0	×	×	0
			×	1	×	×	1
0	1	1	0	×	×	×	0
			1	×	×	×	1

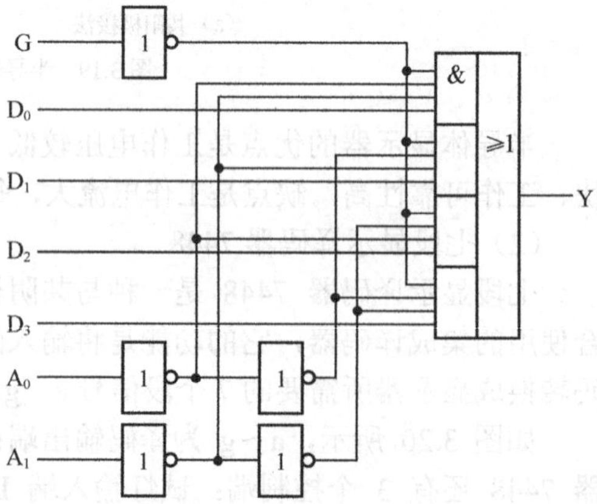

图 3.22 四选一数据选择器

根据功能表，可写出四选一数据选择器的输出逻辑表达式

$$Y=(\overline{A_1}\,\overline{A_0}D_0+\overline{A_1}A_0D_1+A_1\overline{A_0}D_2+A_1A_0D_3)\cdot\overline{G}$$

由逻辑表达式画出四选一数据选择器逻辑图，如图 3.22 所示。

2. 集成数据选择器

图 3.23 所示为集成数据选择器 74151（8 选 1 数据选择器）的逻辑图。由逻辑图可列出其功能如表 3.12 所示。

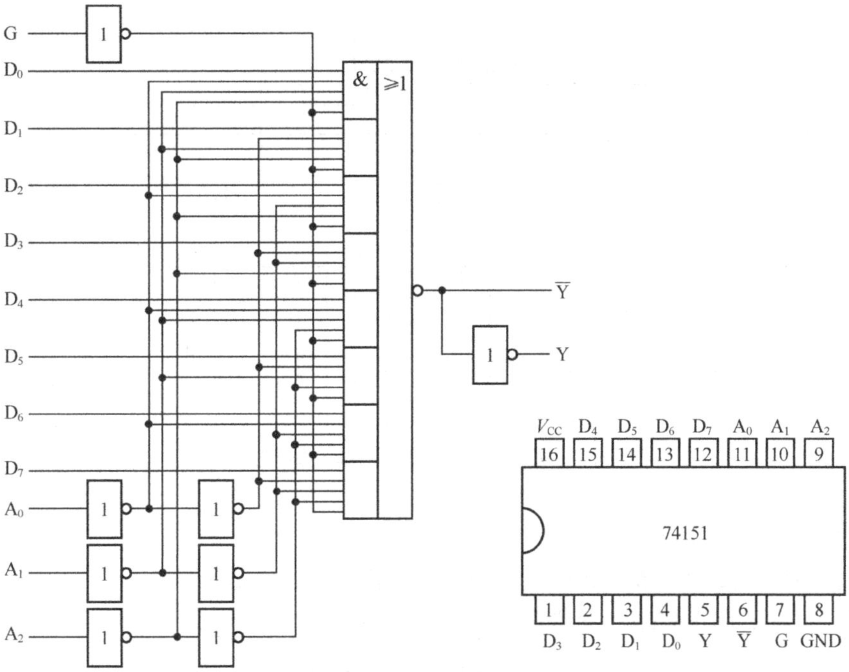

（a）逻辑图　　（b）符号图

图 3.23　8 选 1 数据选择器

表 3.12　　8 选 1 数据选择器 74151 的功能表

输入				输出	
使能	地址选择			Y	$\overline{Y}$
G	A_2	A_1	A_0		
1	×	×	×	0	1
0	0	0	0	D_0	$\overline{D_0}$
0	0	0	1	D_1	$\overline{D_1}$
0	0	1	0	D_2	$\overline{D_2}$
0	0	1	1	D_3	$\overline{D_3}$
0	1	0	0	D_4	$\overline{D_4}$
0	1	0	1	D_5	$\overline{D_5}$
0	1	1	0	D_6	$\overline{D_6}$
0	1	1	1	D_7	$\overline{D_7}$

3．数据选择器的应用

（1）功能扩展

图 3.24 所示是用两片 8 选 1 数据选择器 74151 构成的 16 选 1 数据选择器。

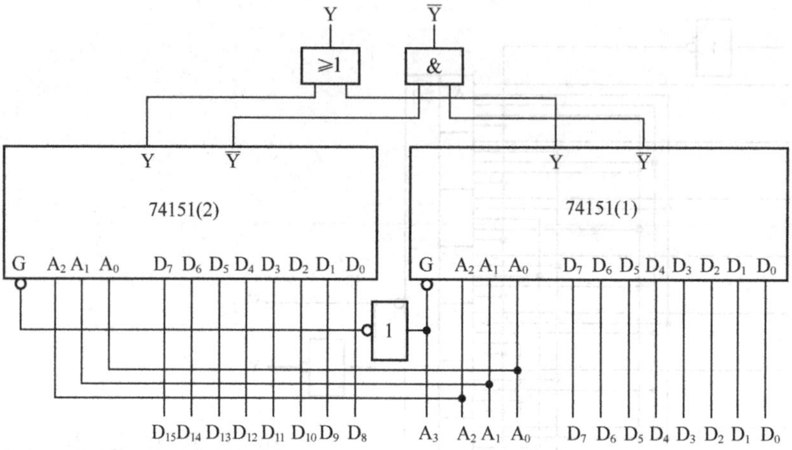

图 3.24　由两片 74151 构成 16 选 1 数据选择器

（2）实现组合逻辑函数

① 逻辑函数的变量个数和数据选择器的地址输入变量个数相同

例 3.7　试用 8 选 1 数据选择器 74151 实现逻辑函数

$$L=\overline{A}BC+A\overline{B}C+AB$$

解：将逻辑函数转换成最小项表达式

$$L=\overline{A}BC+A\overline{B}C+AB\overline{C}+ABC$$

8 选 1 数据选择器的输出表达式为

$$\begin{aligned}Y&=\overline{A_2}\,\overline{A_1}\,\overline{A_0}D_0+\overline{A_2}\,\overline{A_1}A_0D_1+\overline{A_2}A_1\overline{A_0}D_2+\overline{A_2}A_1A_0D_3+A_2\overline{A_1}\,\overline{A_0}D_4\\&\quad+A_2\overline{A_1}A_0D_5+A_2A_1\overline{A_0}D_6+A_2A_1A_0D_7\\&=m_0D_0+m_1D_1+m_2D_2+m_3D_3+m_4D_4+m_5D_5+m_6D_6+m_7D_7\end{aligned}$$

若将式中 A_2、A_1、A_0 用 A、B、C 来代替，设 $D_3=D_5=D_6=D_7=1$，$D_0=D_1=D_2=D_4=0$，画出如图 3.25 所示的连线图。

②逻辑函数的变量个数大于数据选择器的地址输入变量个数

例 3.8　试用 4 选 1 数据选择器实现逻辑函数

$$L=AB+BC+A\overline{C}$$

解：将逻辑函数转换成最小项表达式，A、B 接到地址输入端，C 加到适当的数据输入端，根据函数式画出连线图，如图 3.26 所示。

$$L=ABC+AB\overline{C}+\overline{A}BC+A\overline{B}\,\overline{C}$$

$$=\overline{A}\,\overline{B}\cdot 0+\overline{A}B\cdot C+A\overline{B}\cdot\overline{C}+AB\cdot 1$$

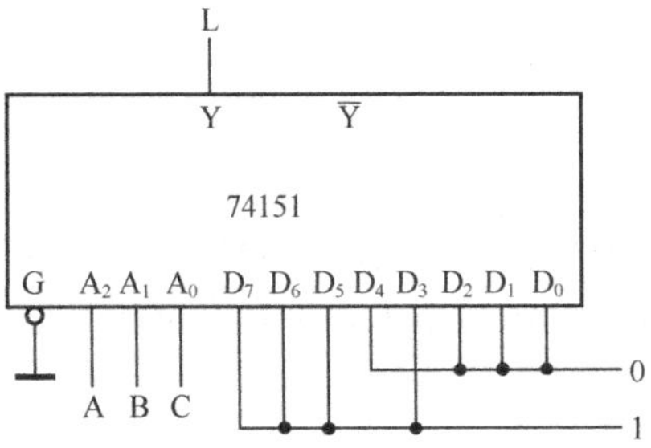

图 3.25　例 3.7 连线图

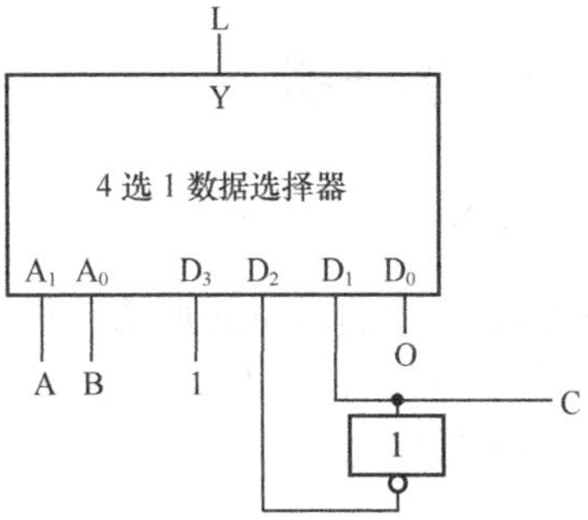

图 3.26　例 3.8 连线图

3.2.4　数据分配器

数据分配器是将一路输入变为多路输出的电路。数据分配器的功能如同多路开关一样，其示意图如图 3.27 所示。工作原理是由地址码对输出端进行选样，将一路输入数据分配到多路接收设备中的某一路。

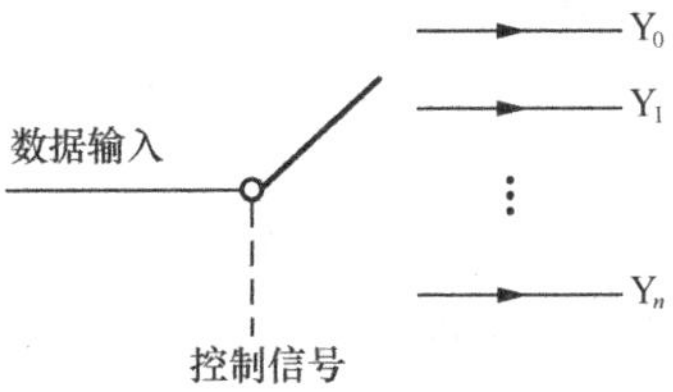

图 3.27　数据分配器的功能

表 3.13　　数据分配器功能表

地址选择信号			输　出
A_2	A_1	A_0	
0	0	0	$D=D_0$
0	0	1	$D=D_1$
0	1	0	$D=D_2$
0	1	1	$D=D_3$
1	0	0	$D=D_4$
1	0	1	$D=D_5$
1	1	0	$D=D_6$
1	1	1	$D=D_7$

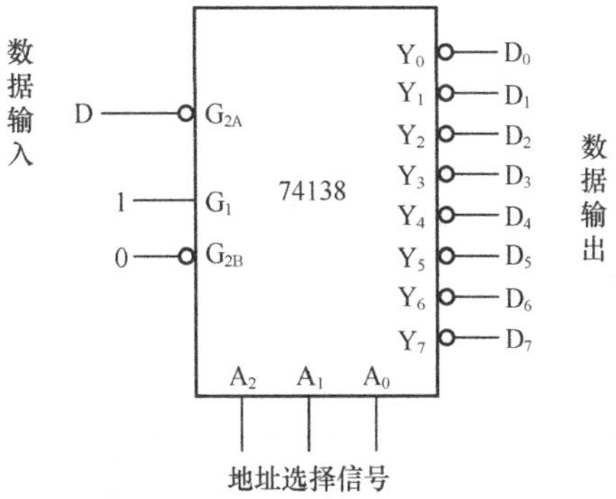

图 3.28　用译码器构成数据分配器

由于译码器和数据分配器的功能非常接近，所以译码器的一个重要应用就是构成数据分配器。也正因为如此，市场上没有集成数据分配器产品，只有集成译码器；当需要数据分配器时，可以用译码器改接。

例 3.9　用译码器设计一个“1 线—8 线”数据分配器。

解：图 3.28 所示为 3 线—8 线译码器改接成 1 线—8 线数据分配器的电路图。

3.2.5 加法器

1. 半加器

不考虑低位来的进位的加法，称为半加；完成半加功能的电路称为半加器。半加器的真值表如表 3.14 所示。表中的 A 和 B 分别表示被加数和加数输入，S 为本位和输出，C 为向相邻高位的进位输出。

表 3.14　　半加器的真值表

输入		输出	
A	B	S	C
0	0	0	0
0	1	1	0
1	0	1	0
1	1	0	1

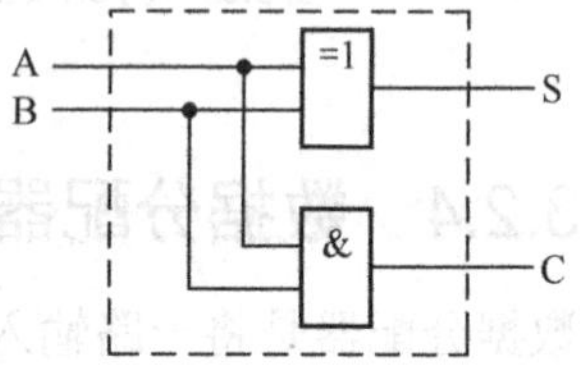

图 3.29　“异或”门和“与门”组成半加器

由真值表可直接写出输出逻辑函数表达式

$$S=\overline{A}B+A\overline{B}=A\oplus B$$

$$C=AB$$

可见，可用一个“异或”门和一个“与”门组成半加器，如图 3.29 所示。

如果想用“与非”门组成半加器，则将上式用代数法变换成“与非-与非”形式。

$$S=\overline{A}B+A\overline{B}=\overline{A}B+A\overline{B}+A\overline{A}+B\overline{B}$$

$$=A(\overline{A}+\overline{B})+B(\overline{A}+\overline{B})$$

$$=A\cdot\overline{AB}+B\cdot\overline{AB}$$

$$=\overline{\overline{A\cdot\overline{AB}}\cdot\overline{B\cdot\overline{AB}}}$$

$$C=AB=\overline{\overline{AB}}$$

由此可画出用“与非”门组成的半加器，如图 3.30（a）所示，图 3.30（b）为半加器的逻辑符号。

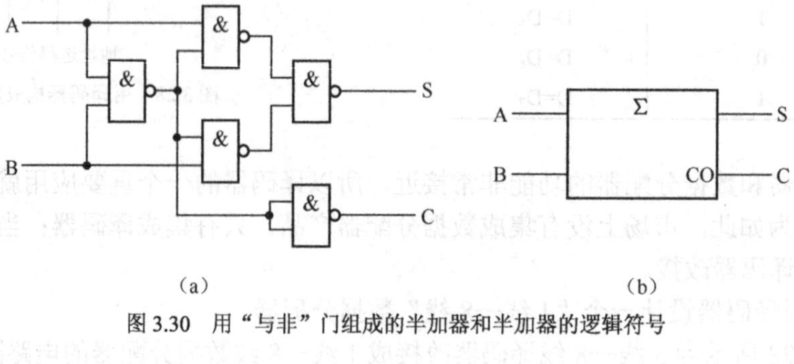

(a)　　(b)

图 3.30　用“与非”门组成的半加器和半加器的逻辑符号

2. 全加器

当多位数进行加法运算时，除最低位外，其他各位都需要考虑低位送来的进位，全加器就具有这种功能。全加器的真值表如表 3.15 所示，表中的 A_i 和 B_i 分别表示被加数和加数输入，C_{i-1} 表示来自相邻低位的进位输入。S_i 为本位和输出，C_i 为向相邻高位的进位输出。

表 3.15　全加器的真值表

输入			输出	
A_i	B_i	C_{i-1}	S_i	C_i
0	0	0	0	0
0	0	1	1	0
0	1	0	1	0
0	1	1	0	1
1	0	0	1	0
1	0	1	0	1
1	1	0	0	1
1	1	1	1	1

由真值表直接写出 S_i 和 C_i 的输出逻辑表达式，再用代数法化简和转换，得

$$S_i = \overline{A_i}\,\overline{B_i}C_{i-1} + \overline{A_i}B_i\overline{C_{i-1}} + A_i\overline{B_i}\,\overline{C_{i-1}} + A_iB_iC_{i-1}$$

$$= \overline{(A_i \oplus B_i)}C_{i-1} + (A_i \oplus B_i)\overline{C_{i-1}} = A_i \oplus B_i \oplus C_{i-1}$$

$$C_i = \overline{A_i}B_iC_{i-1} + A_i\overline{B_i}C_{i-1} + A_iB_i\overline{C_{i-1}} + A_iB_iC_{i-1}$$

$$= A_iB_i + (A_i \oplus B_i)C_{i-1}$$

由上式可画出全加器的逻辑电路，如图 3.31（a）所示，图 3.31（b）为全加器的逻辑符号。

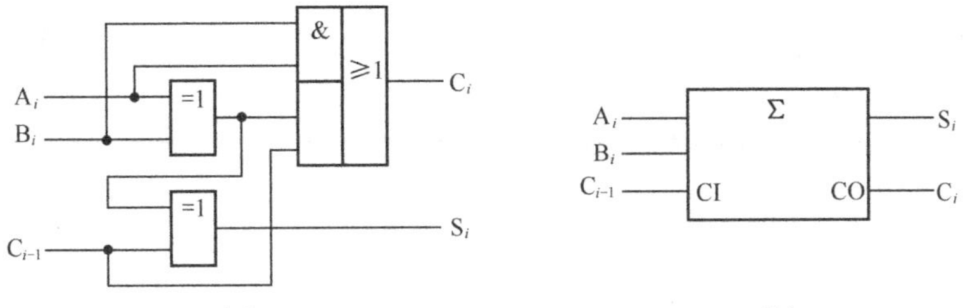

图 3.31　全加器的逻辑电路和逻辑符号

3. 多位数加法器

要进行多位数相加，最简单的方法是将多个全加器进行级联，称为串行进位加法器。图 3.32 所示是 4 位串行进位加法器，从图中可见，两个 4 位相加数 $A_3A_2A_1A_0$ 和 $B_3B_2B_1B_0$ 同时送到相应全加器的输入端，进位数串行传送；全加器的个数等于相加数的位数，最低位全加器的 C_{i-1} 端应接 0。

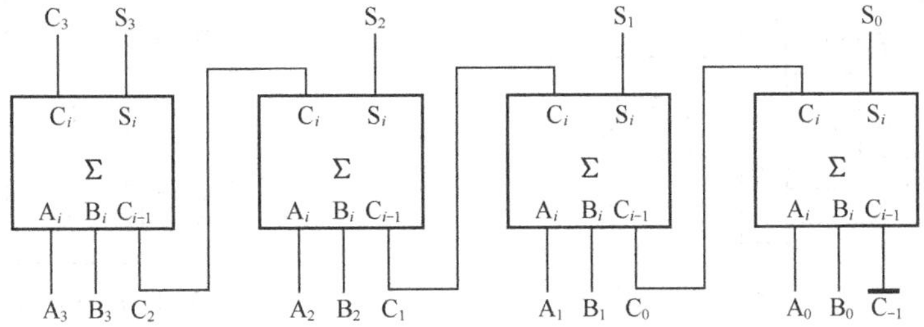

图 3.32　4 位串行进位加法器

串行进位加法器的优点是电路比较简单，缺点是速度比较慢。因为进位信号是串行传递，图 3.32 中最后一位的进位输出 C_3 要经过四位全加器传递之后才能形成。如果位数增加，传输延迟时间将更长，工作速度更慢。

为了提高速度，人们又设计了一种多位数快速进位（又称超前进位）加法器。所谓快速进位，是指在加法运算过程中，各级进位信号同时送到各全加器的进位输入端。现在的集成加法器，大多采用这种方法。

3.2.6 数值比较器

在数字系统中，经常需要比较两个数的大小，或两数是否相等；能对两个位数相同的二进制数进行比较，判断其大小关系的逻辑电路称为数值比较器，简称比较器。

1．一位数值比较器

1 位数值比较器是多位比较器的基础。1 位数值比较器的输入信号是两个 1 位二进制数，用 A、B 表示；比较结果有 3 种情况：A＞B、A＜B、A＝B，分别用 F_1、F_2、F_3 表示。设 A＞B 时 $F_1=1$，A＜B 时 $F_2=1$，A=B 时 $F_3=1$，由此可列出 1 位数值比较器的真值表，如表 3.16 所示。

表 3.16　1 位数值比较器的真值表

输入		输出		
A	B	$F_1(A>B)$	$F_2(A<B)$	$F_3(A=B)$
0	0	0	0	1
0	1	0	1	0
1	0	1	0	0
1	1	0	0	1

根据表 3.16 可写出各输出的逻辑表达式

$$\begin{cases} F_1=A\overline{B} \\ F_2=\overline{A}B \\ F_3=\overline{A}\ \overline{B}+AB=\overline{\overline{A}B+A\overline{B}}=\overline{A\oplus B} \end{cases}$$

由以上逻辑表达式可画出 1 位数值比较器的逻辑图，如图 3.33 所示。

2．集成数值比较器 74LS85

集成数值比较器 74LS85 是 4 位数值比较器，其引脚图如图 3.34 所示，功能如表 3.17 所示。

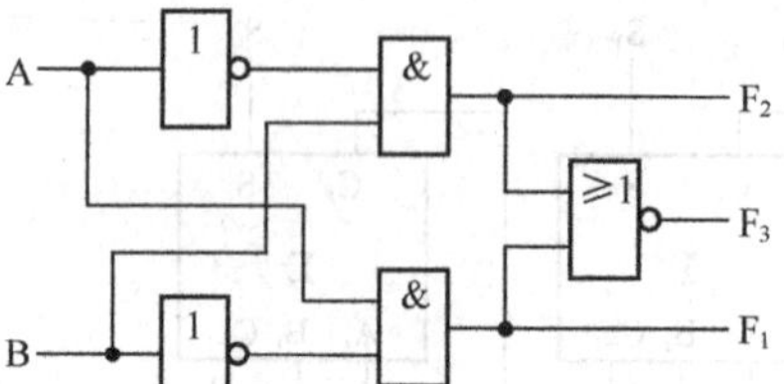

图 3.33　一位数值比较器的逻辑图

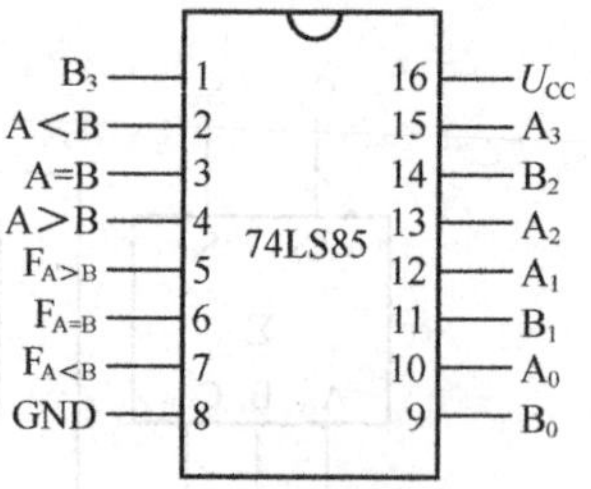

图 3.34　74LS85 管脚图

表 3.17 4 位数值比较器 74LS85 的功能表

输入							输出		
A_3B_3	A_2B_2	A_1B_1	A_0B_0	A > B	A < B	A=B	$F_{A>B}$	$F_{A<B}$	$F_{A=B}$
$A_3>B_3$	X	X	X	X	X	X	1	0	0
$A_3<B_3$	X	X	X	X	X	X	0	1	0
$A_3=B_3$	$A_2>B_2$	X	X	X	X	X	1	0	0
$A_3=B_3$	$A_2<B_2$	X	X	X	X	X	0	1	0
$A_3=B_3$	$A_2=B_2$	$A_1>B_1$	X	X	X	X	1	0	0
$A_3=B_3$	$A_2=B_2$	$A_1<B_1$	X	X	X	X	0	1	0
$A_3=B_3$	$A_2=B_2$	$A_1=B_1$	$A_0>B_0$	X	X	X	1	0	0
$A_3=B_3$	$A_2=B_2$	$A_1=B_1$	$A_0<B_0$	X	X	X	0	1	0
$A_3=B_3$	$A_2=B_2$	$A_1=B_1$	$A_0=B_0$	1	0	0	1	0	0
$A_3=B_3$	$A_2=B_2$	$A_1=B_1$	$A_0=B_0$	0	1	0	0	1	0
$A_3=B_3$	$A_2=B_2$	$A_1=B_1$	$A_0=B_0$	0	0	1	0	0	1

从表 3.17 中可以看出，两个 4 位数 A、B 的比较，是先将 A 的最高位 A_3 和 B 的最高位 B_3 进行比较，如果二者不相等就可以作为 A、B 的比较结果；如果二者相等，则再比较次高位 A_2 和 B_2，依次类推。显然，如果 A=B，则比较步骤必须进行到最低位才能得到结果。

功能表中的输入变量包括 A_3 与 B_3、A_2 与 B_2、A_1 与 B_1、A_0 与 B_0；输出变量为 A 与 B 的比较结果，第 5、6、7 脚的输出信号 $F_{A>B}$、$F_{A=B}$、$F_{A<B}$ 是这两个四位数的比较结果。级联输入端第 2、3、4 脚可以进行数值比较器的扩展，以便组成位数更多的数值比较器。

由功能表可以看出，仅对 4 位数进行比较时，应对 A>B、A<B、A=B 端进行适当处理，即 A>B、A<B 输入端置“0”，A=B 输入端置“1”。

3. 数值比较器的扩展

利用集成数值比较器的级联输入端，很容易构成更多位的数值比较器。数值比较器的扩展方式有串联和并联两种。采用串联方式扩展数值比较器时，随着位数的增加，从数据输入到稳定输出的延迟时间将增加，当位数较多且要求满足一定的速度时，可以采用并联方式。下面仅以串联方式为例说明数值比较器的扩展方法。

如图 3.35 所示，两个 4 位数值比较器 74LS85 串联而成为一个 8 位数值比较器。由于两个 8 位数，若高 4 位相同，它们的大小则由低 4 位的比较结果确定。因此，低 4 位的比较结果应作为高 4 位的条件，即低 4 位比较器的输出端应分别与高 4 位比较器的 A>B、A<B、A=B 的级联输入端连接。

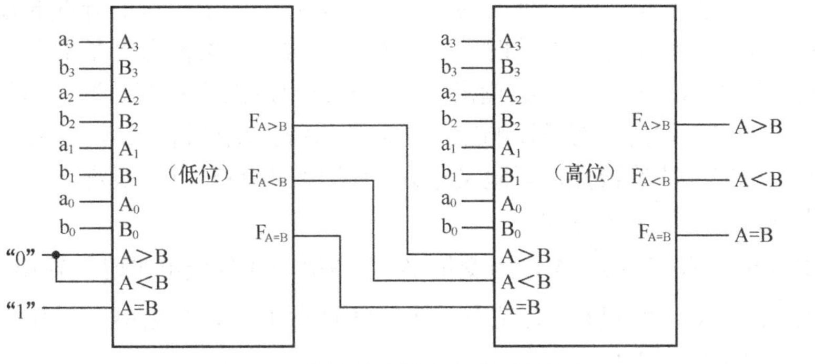

图 3.35 数值比较器的位数扩展连接图

对于 LSTTL 集成数值比较器，最低 4 位的级联输入端 A＞B、A＜B、A=B 必须事先预置为 0、0、1，这样就能使两个多位数的各位都相同时，比较器的 $F_{A=B}$ 输出端为 1。

应该注意的是，在 CMOS 集成数值比较器中，A＞B 输入端应该接高电平。这是因为在 CMOS 集成 4 位数值比较器中，为了使电路简化，首先实现 $F_{A<B}$ 和 $F_{A=B}$，再将两者进行“或非”运算而求得 $F_{A>B}$；而在 LSTTL 集成 4 位数值比较器中，是由各位数码的比较结果直接求得 $F_{A>B}$、$F_{A=B}$ 和 $F_{A<B}$ 的。

3.2.7 组合逻辑电路的竞争-冒险现象

1．组合逻辑电路的竞争-冒险现象

例 3.10 试分别画出图 3.36（a）、（b）所示电路的输出波形。给定输入波形如图 3.36（c）所示，设“非”门 G_1 的传输延迟时间为 t_{PD}，其他门电路的传输延时不予考虑。

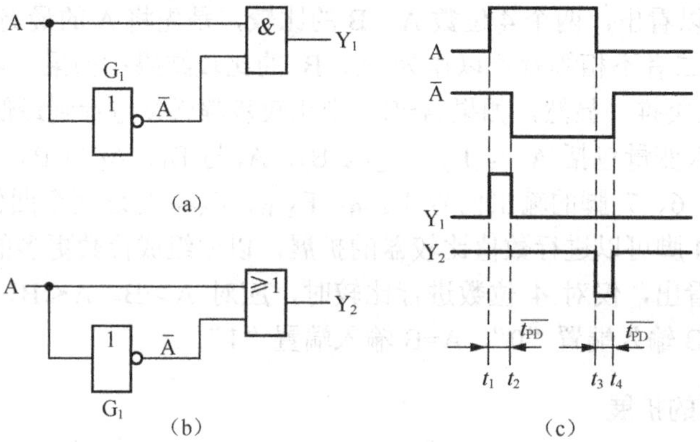

图 3.36 例 3.10 电路及其波形

解：若不考虑门 G_1 的延迟时间，则图 3.36（a）、（b）所示电路的输出分别为

$$Y_1=\overline{A}A=0$$

$$Y_2=\overline{A}+A=1$$

若考虑门 G_1 的传输延迟时间，则 $\overline{A}$ 波形是 A 波形的反相以外还要延迟 $\overline{t_{PD}}$，从而在 t_1～t_2 期间，波形 $\overline{A}$ 和 A 同时为高电平，波形 Y_1 中出现了一个正向窄脉冲。同理在 t_3～t_4 期间，波形 Y_2 中出现了一个负向窄脉冲，如图 3.36（c）所示。

从图 3.36 中可以看出：同一个门的不同输入信号，由于经过的导线长度不同或经过的传输“门”数目不同，到达输入端的时间有先有后，这种现象称为“竞争”。

逻辑电路因输入端的竞争而导致输出产生本不该出现的干扰窄脉冲，后续有“记忆”功能的电路会将其当成有效信号而予以响应，从而使系统出现逻辑错误，称为“冒险”。

根据出现干扰窄脉冲的极性，冒险又分为“0”型冒险和“1”型冒险。

（1）“0”型冒险，输出负脉冲

在图 3.36（b）中，$Y_2=\overline{A}+A$，当变量 A 由高电平变到低电平时，输出 Y_2 产生一个负脉冲，宽度为 $\overline{t_{PD}}$，这一负向脉冲又成为后续电路的毛刺。A 变化不一定都产生冒险，当 A 由低变到高时，就无冒险产生。

（2）“1”型冒险，输出正脉冲

如图 3.36（a）中，$Y_1=\overline{A}\cdot A$，当变量 A 由低电平变到高电平时，输出 Y_1 产生一宽度为$\overline{t_{PD}}$的正脉冲。

综上所述，在组合逻辑电路中，当一个门电路同时输入两个向相反方向变化的互补信号时，在输出端可能会产生不应该有的干扰窄脉冲，这是产生竞争-冒险的根本原因。

2. 冒险现象的识别

若电路输入端只有一个变量改变状态，用代数法或卡诺图法可判断这个组合逻辑电路是否存在冒险。

（1）代数判别法

写出组合逻辑电路的逻辑表达式，当某些逻辑变量取特定值（0 或 1）时，若表达式能转换为 $F=A\cdot\overline{A}$ 或 $F=A+\overline{A}$ 的形式，则存在冒险。

例 3.11　试判断图 3.37 所示的逻辑电路是否存在冒险。

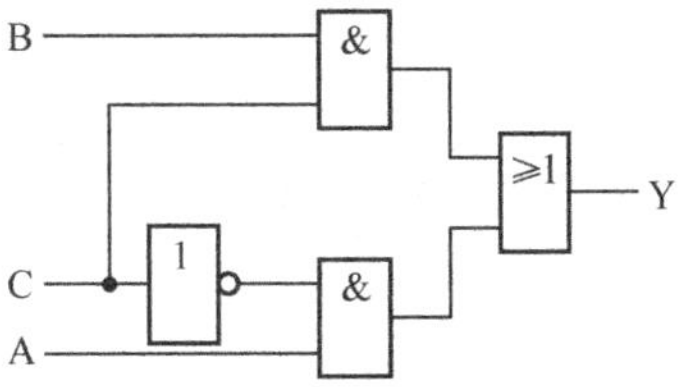

图 3.37　例 3.11 图

解： $Y=A\overline{C}+BC$

设变量 A=B=1，则 $Y=C+\overline{C}$，因此，图 3.37 所示的电路存在冒险。

（2）卡诺图判别法

根据电路逻辑表达式，画出输出变量的卡诺图，若卡诺图上的包围圈相切，且相切处又无其他包围圈包含，则存在冒险。

例 3.12　设逻辑函数 $F=(A+B)(\overline{B}+\overline{C})$，试用卡诺图法判断该电路是否存在冒险。

解：
$$\begin{aligned}F&=(A+B)(\overline{B}+\overline{C})\\&=A\overline{B}+A\overline{C}+B\overline{C}\\&=A\overline{B}C+A\overline{B}\,\overline{C}+AB\overline{C}+\overline{A}B\overline{C}\\&=\sum m(2,4,5,6)\end{aligned}$$

卡诺图如图 3.38 所示，存在包围圈相切，且相切处又无其他包围圈包含，因此存在冒险。

在实验室中，通常用示波器和逻辑分析仪来检查电路是否存在竞争和冒险。

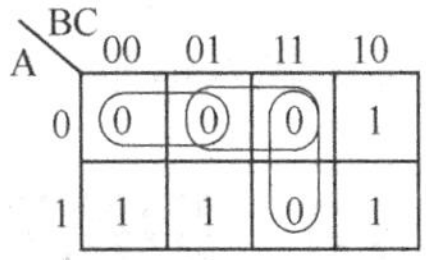

图 3.38　例 3.12 图

3. 冒险现象的消除

消除组合逻辑电路的冒险现象，主要有以下三种方法。

（1）在输出端接滤波电容

由于竞争产生的干扰脉冲一般很窄，所以在电路的输出端对地接一个电容值在 100pF 以下的小电容，使输出波形的上升沿和下降沿都变得比较缓慢，这样就可以消除冒险现象。

（2）引入选择脉冲

因为冒险现象仅仅发生在输入信号变化转换的瞬间，而在稳定状态是没有冒险信号的，所以采用选择脉冲，在输入信号发生转换的瞬间，选择能正确反映组合电路稳定时的输出值，可以有效地避免各种冒险。常用的选择脉冲的极性及所加的位置如图 3.39 所示。

当输入信号变换完成而进入稳态后，才启动选择脉冲将门打开。这样，输出端就不会出现冒险脉冲。

（3）增加冗余项

如例 3.11 中，在逻辑函数中增加乘积项 AB，使表达式变为

$$Y=A\overline{C}+BC+AB$$

设 A=B=1，则 $Y=C+\overline{C}+1=1$，故不会产生冒险。这个函数增加了乘积项 AB 后，已经不是“最简式”，因此这种乘积项称为“冗余项”。

上述三种方法的适用场合、应用效果分析：

① 输出端接滤波电容虽方便易行，但会使输出电压波形变差，因此，仅适合于对信号波形要求不高的场合；

② 引入选通信号的方法比较简单，但选通信号必须与输入信号维持严格的时间关系，因此，选通信号的产生并不容易；

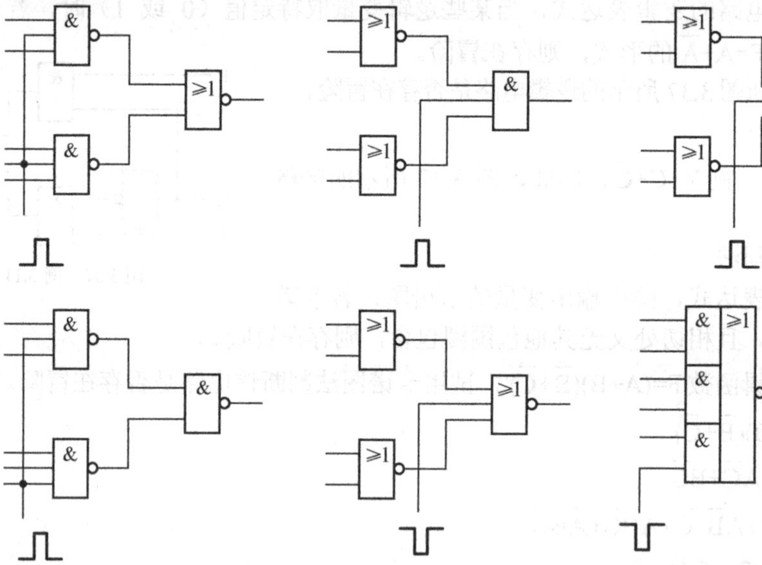

图 3.39　选通脉冲的极性及所加的位置示意图

③ 增加冗余项仅能解决每次只有单个输入信号发生变化时电路的冒险问题，不能解决多个输入信号同时发生变化时的冒险现象，适用范围非常有限。

3.3　抢答器编译码显示电路的设计

一、工作要求

1．设计一个抢答器编译码显示电路，可显示参加比赛的 4 名选手或 4 个代表队，编号为 1、2、3、4。

2．抢答器具有数据锁存和显示的功能，抢答开始后，若有选手按动抢答按钮，编号立即锁存，并在 LED 数码管上显示出选手的编号。

二、工作任务

1．熟悉常用集成组合逻辑电路的功能和使用；

2．会识别编码器、译码器和数码管的型号，明确各引脚功能；

3．熟悉电路仿真软件。

三、信息资料

1.《常用集成电路的管脚图》

2.《集成逻辑门电路的功能、符号和型号》

3．仿真软件

四、引导问题

1．设计的抢答器编译码显示电路的应用场景？

2．制作的抢答器编译码显示电路的功能？

3．需要哪些器件？其功能是什么？如何使用？

4．选择集成块应该注意的问题？

5．制作过程中需要考虑的安全问题及应对的措施？

五、工作计划

序号	工作阶段	材料清单	安全事项	时间安排
1				
2				
3				
4				
5				
6				
…				

六、设计的电路

七、结果分析

1．电路优点

2．电路缺点

3．应对的方法

项目小结

1．组合逻辑电路的特点是：电路任一时刻的输出状态只决定于该时刻各输入状态的组合，而与电路的原状态无关。组合逻辑电路由门电路组合而成，电路中没有记忆单元，没有反馈通路。

2．组合逻辑电路的分析步骤为：写出各输出端的逻辑表达式→化简和变换逻辑表达式→列出真值表→确定功能。

3．组合逻辑电路的设计步骤为：根据设计要求列出真值表→写出逻辑表达式（或填写卡诺图）→逻辑函数化简和变换→画出逻辑图。

4．常用的组合逻辑电路包括编码器、译码器、数据选择器、加法器等。

5．中规模组合逻辑器件除了具有基本功能外，还可用来设计其他组合逻辑电路，例如用数据选择器设计多输入、单输出的逻辑函数，用二进制译码器设计多输入、多输出的逻辑函数等。

应用中规模组合逻辑器件进行组合逻辑电路设计的一般原则是：使用 MSI 芯片的个数和品种型号最少，芯片之间的连线最少。

习题三

3-1．分析题图 3-1 所示逻辑电路的逻辑功能。

3-2．用“与非”门设计一个四变量表决电路。当变量 A、B、C、D 有 3 个或 3 个以上为“1”时，输出 Y=1；否则输出 Y=0。

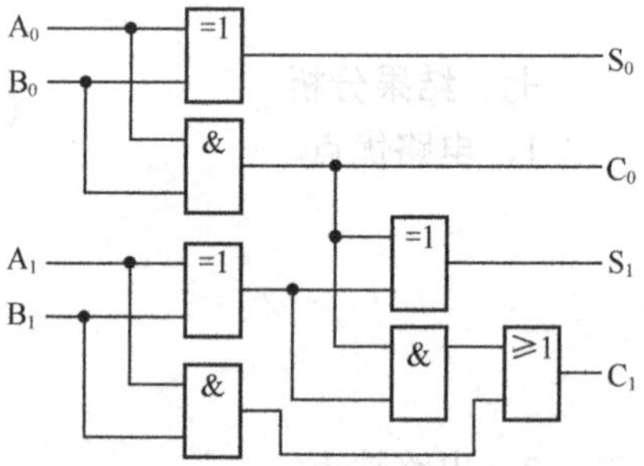

题图 3-1

3-3．将 74LS138 扩展为 6 线-64 线译码器（用一片 74LS138 作为片选，可能比较方便）。

3-4．某医院有 7 间病房：1、2、…、7，1 号病房是最重的病员，2、3、…、7 依次减轻，试用 74LS148、74LS48、半导体数码管组成一个呼叫、显示电路。要求：有病员压下呼叫开关时，显示电路显示病房号（提示：可用 74LS148 的 Y_{EX} 作 74LS48 的灭灯信号）。

3-5．试用 74LS138 实现下列逻辑函数（允许附加门电路）。

$$Y_1=A\overline{C}$$

$$Y_2=AB\overline{C}+\overline{A}C$$

3-6．试用 74LS151 实现逻辑函数 Y=A+BC 。

项目 4

触发器的功能——抢答器锁存电路的设计

本项目的任务是熟悉集成触发器的功能，掌握集成触发器的应用。触发器是构成时序逻辑电路的基本元件。

通过本项目的学习，能使用常用仪器仪表对电路的各种性能进行测试和分析；能借助资料读懂集成触发器的型号，明确各引脚功能；能完成由触发器构成的智能抢答器电路的设计与制作。

4.1　触发器概述

触发器是具有“记忆”功能的元件，它是构成时序逻辑电路的基本单元。

触发器的基本性质是：

（1）具有两个稳定状态。触发器有两个互补的输出端Q和$\overline{Q}$，定义触发器的“1”状态为$Q=1$、$\overline{Q}=0$；“0”状态为$Q=0$、$\overline{Q}=1$。可见，触发器的状态指的是Q端的状态。

（2）在输入信号的作用下，可以从一个稳定状态转换到另一个稳定状态。

触发器的逻辑功能可用功能表、驱动表、特性方程、状态转换图和波形图来描述。

4.2　基本 RS 触发器

4.2.1　由“与非”门组成的基本 RS 触发器

1. 电路组成

由两个“与非”门的输入、输出端交叉耦合而成，如图 4.1 所示，它与组合逻辑电路的根本区别在于电路存在反馈线。

基本 RS 触发器具有两个输入端 R 和 S，两个输出端Q和$\overline{Q}$；一般情况下，Q和$\overline{Q}$是互补的。

当$Q=1$、$\overline{Q}=0$时，触发器处于“1”状态；$Q=0$、$\overline{Q}=1$时，触发器处于“0”状态。

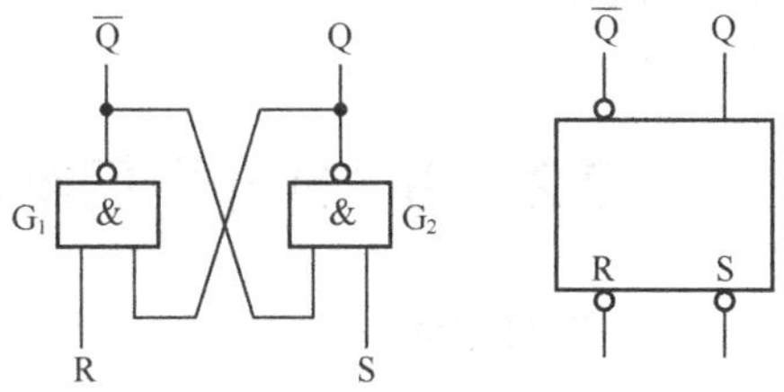

（a）逻辑图　　（b）逻辑符号

图 4.1　“与非”门组成的基本 RS 触发器

2. 逻辑功能表

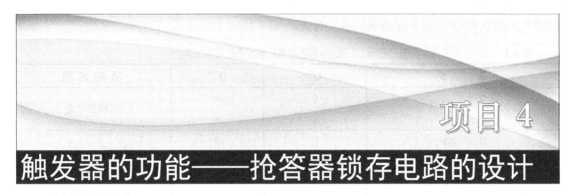

由“与非”门构成的基本 RS 触发器的逻辑功能如表 4.1 所示，由表可见：触发器的新状态Q^{n+1}（也称次态）不仅与输入状态有关，也与触

发器原来的状态 Q^n（也称现态或初态）有关。

表 4.1　　　　　　　　由“与非”门组成的基本 RS 触发器的逻辑功能表

R	S	Q^n	Q^{n+1}	功能说明
0	0	0	×	不稳定状态
0	0	1	×	
0	1	0	0	置“0”（复位）
0	1	1	0	
1	0	0	1	置“1”（置位）
1	0	1	1	
1	1	0	0	保持原状态
1	1	1	1	

基本 RS 触发器的特点：

① 有两个互补的输出端，具有两个稳定状态；

② 具有复位（$Q^{n+1}=0$）、置位（$Q^{n+1}=1$）和保持原状态三种功能；

③ R 为复位输入端，S 为置位输入端，该电路为低电平有效；

④ 由于反馈线的存在，无论是复位还是置位，有效信号只需须作用很短的一段时间，即“一触即发”。

3．特性方程

$$Q^{n+1}=\overline{S}+RQ^n$$
$$S+R=1\quad（约束条件）$$

4．波形分析

例 4.1　由“与非”门组成的基本 RS 触发器如图 4.1（a）所示，设初始状态为“0”，已知输入 R、S 的波形如图 4.2 所示，画出输出 Q、$\overline{Q}$的波形图。

解：由表 4.1 可画出输出 Q、$\overline{Q}$的波形如图 4.2 所示。图中虚线所示为考虑门电路延迟时间的情况。

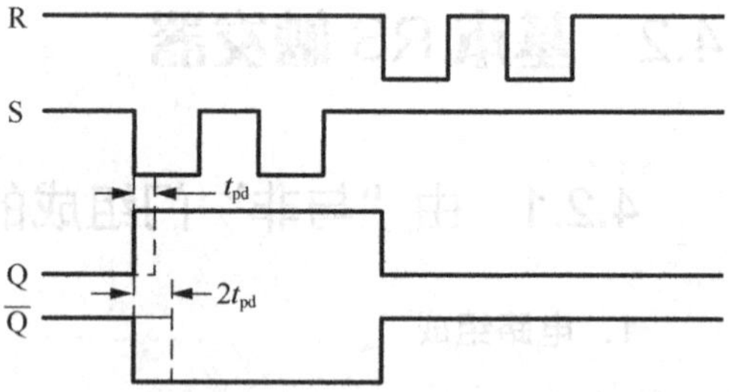

图 4.2　例 4.1 波形图

4.2.2　由“或非”门组成的基本 RS 触发器

1．电路组成

由两个“或非”门的输入、输出端交叉耦合而成，如图 4.3 所示，它与组合逻辑电路的根本区别在于电路中有反馈线，该电路为高电平有效。

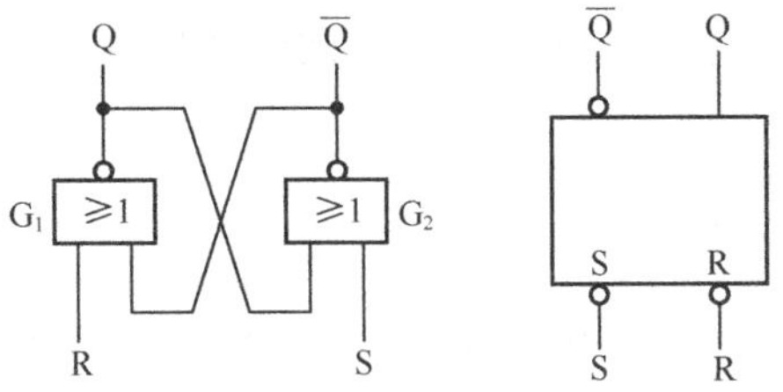

（a）逻辑图　　（b）逻辑符号

图 4.3　由“或非”门组成的基本 RS 触发器

2. 逻辑功能表

由“或非”门构成的基本 RS 触发器的逻辑功能如表 4.2 所示。

表 4.2　由“或非”门组成的基本 RS 触发器的逻辑功能表

R　S	Q^n	Q^{n+1}	功能说明
0　0	0	0	保持原状态
0　0	1	1	
0　1	0	1	置“1”（置位）
0　1	1	1	
1　0	0	0	置“0”（复位）
1　0	1	0	
1　1	0	×	不稳定状态
1　1	1	×	

3. 特性方程

$$Q^{n+1}=S+\overline{R}Q^n$$

$$RS=0\text{（约束条件）}$$

综上所述，基本 RS 触发器具有复位（Q^{n+1}=0）、置位（Q^{n+1}=1）和保持原状态三种功能，R 为复位输入端，S 为置位输入端，可以是低电平有效，也可以是高电平有效，取决于触发器的结构。

4.3 同步 RS 触发器

在实际应用中，触发器的工作状态不仅要由 R、S 端的信号来决定，而且还希望触发器按一定的节拍翻转；因此，给触发器加一个时钟控制端 CP，只有在 CP 端上出现时钟脉冲时，触发器的状态才能变化。具有时钟脉冲控制的触发器的状态改变是与时钟脉冲同步的，所以称为同步触发器。

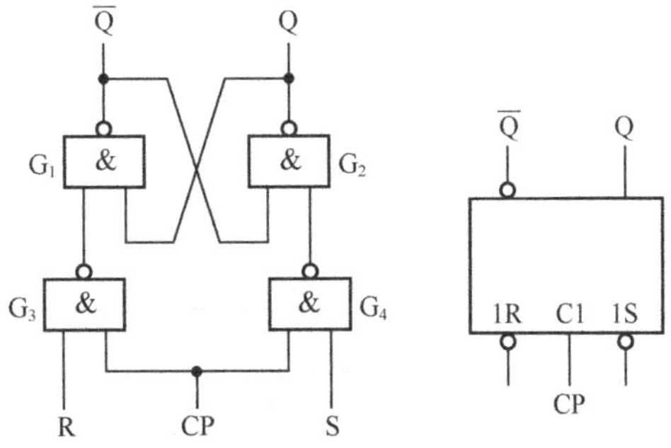

（a）逻辑图　　（b）逻辑符号

图 4.4　同步 RS 触发器

1. 电路结构

如图 4.4 所示，同步 RS 触发器是在基本 RS

触发器的基础上加上两个时钟控制门 G_3 和 G_4，CP 是时钟控制端，R、S 是输入信号端，Q 和 $\overline{Q}$ 是两个互补的输出端。

2. 逻辑功能

当 CP=0 时，控制门 G_3、G_4 关闭，G_3、G_4 门的输出为“1”，这时，不管 R、S 端的信号如何变化，触发器的状态保持不变。

当 CP=1 时，G_3、G_4 打开，R、S 端的输入信号通过这两个门，按基本 RS 触发器的逻辑功能翻转，其逻辑功能如表 4.3 所示。

表 4.3　　同步 RS 触发器的功能表

R	S	Q^n	Q^{n+1}（CP=1）	功能说明
0	0	0	0	保持
0	0	1	1	
0	1	0	1	置“1”
0	1	1	1	
1	0	0	0	置“0”
1	0	1	0	
1	1	0	×	不稳定状态
1	1	1	×	

由表 4.3 可以看出，同步 RS 触发器的状态转换分别由 R、S 和 CP 控制，其中 R、S 控制状态转换的方向，即转换为何种次态；CP 控制状态转换的时刻，即何时发生转换。

3. 触发器功能的几种表示方法

（1）特性方程

触发器次态 Q^{n+1} 与输入状态 R、S 及现态 Q^n 之间关系的逻辑表达式称为触发器的特性方程。图 4.5 所示为同步 RS 触发器 Q^{n+1} 的卡诺图，由此可得同步 *RS* 触发器的特性方程为

$$Q^{n+1}=S+\overline{R}Q^n \quad (CP=1)$$

$$RS=0 \quad (约束条件)$$

（2）状态转换图

状态转换图表示触发器从一个状态变化到另一个状态或保持原状态不变时，对输入信号的要求，同步 RS 触发器的状态转换图如图 4.6 所示。

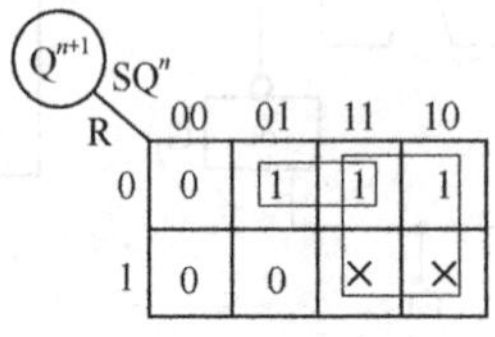

图 4.5　同步 RS 触发器卡诺图

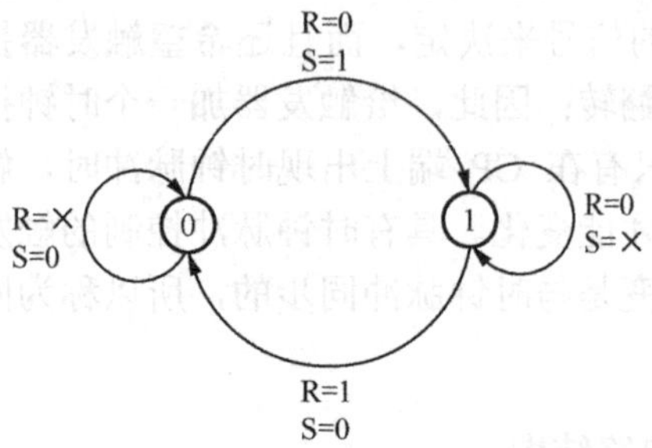

图 4.6　同步 RS 触发器的状态转换图

（3）驱动表

驱动表是用表格的方式表示触发器从一个状态变化到另一个状态或保持原状态不变时，对输入信号的要求，驱动表对时序逻辑电路的设计是很有用的。表 4.4 所示是同步 RS 触发器的驱动表。

表 4.4　同步 RS 触发器的驱动表

Q^n →	Q^{n+1}	R	S
0	0	×	0
0	1	0	1
1	0	1	0
1	1	0	×

（4）波形图

触发器的功能也可以用输入、输出波形图直观地表示出来，图 4.7 所示为同步 RS 触发器的波形图。

4．同步触发器存在的问题——空翻

如图 4.8 所示，在时钟脉冲的整个高电平期间或整个低电平期间都能接收输入信号并改变状态的触发方式称为电平触发。由电平触发方式引起的在一个时钟脉冲周期中，触发器发生多次翻转的现象叫做空翻。空翻是一种有害的现象，它使得时序电路不能按时钟节拍工作，造成系统的误动作。

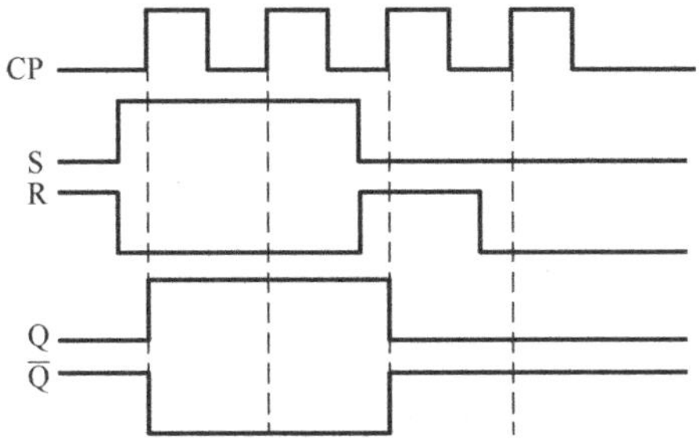

图 4.7　同步 RS 触发器的波形图

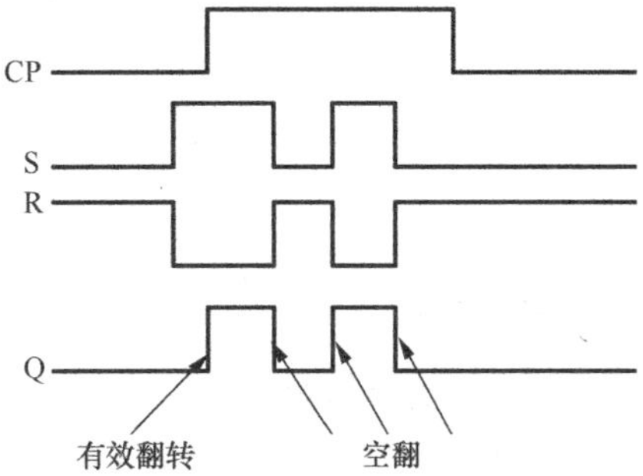

图 4.8　同步触发器的空翻

造成空翻现象的原因是同步触发器结构的不完善，下面讨论几种无空翻的触发器，都是从结构上采取措施，从而克服了空翻现象。

4.4　主从触发器

主从触发器由两级触发器构成，其中一级直接接收输入信号，称为主触发器，另一级接收主触发器的输出信号，称为从触发器。两级触发器的时钟信号互补，从而有效地克服了空翻。

4.4.1　主从 RS 触发器

1．电路结构

如图 4.9 所示，主从 RS 触发器由两个同步 RS 触发器构成，图中下面的 4 个“与非”

门构成主触发器，上面的 4 个“与非”门构成从触发器；主触发器的时钟是 CP，从触发器的时钟是 $\overline{CP}$，即主、从触发器的时钟彼此相反。

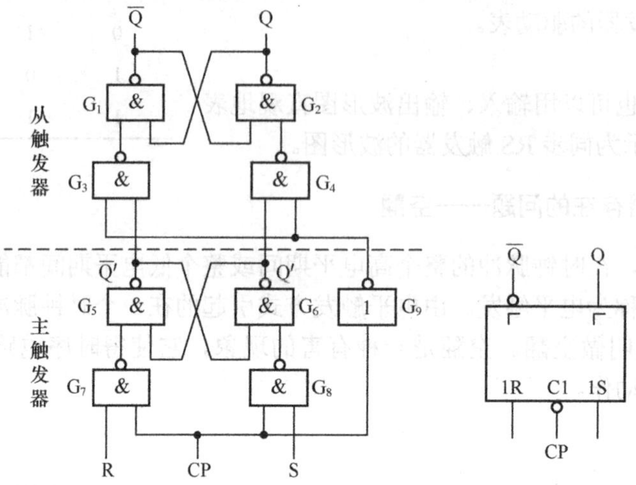

（a）逻辑图 （b）逻辑符号

图 4.9 主从 RS 触发器

2．工作原理

主从 RS 触发器的触发翻转分为以下两个节拍。

（1）当 CP=1 时，主触发器工作，G_7、G_8 打开，接收 R 和 S 端的输入信号。此时从触发器被封锁，保持原状态不变。

（2）当 CP 由 1 跃变到 0 时，主触发器被封锁，输入信号 R、S 不再影响主触发器的状态。此时，由于从触发器时钟 CP′ =1，G_3、G_4 打开，从触发器接收主触发器输出端的状态。

由上面分析可知，主从 RS 触发器的翻转是在 CP 由“1”变“0”时刻（CP 下降沿）发生的，一旦 CP 变为“0”后，主触发器被封锁，其状态不再受 R、S 影响。主从触发器对输入信号的敏感时间大大缩短，只在 CP 的下降沿时刻触发翻转，因此不会有空翻现象。

4.4.2 主从 JK 触发器

1．电路结构

RS 触发器的特性方程中有一约束条件：RS=0，即输入信号 R、S 不能同时为“1”。这一约束条件使得我们在使用 RS 触发器时，感觉很不方便。如何解决这一问题呢？我们注意到触发器的两个输出端 Q 和 $\overline{Q}$ 在正常工作时是互补的，如果我们将这两个信号分别引到输入端的 G_7、G_8 门，就一定有一个门被封锁，这样就不怕输入信号同时为“1”了，这就是构成主从 JK 触发器的思路。

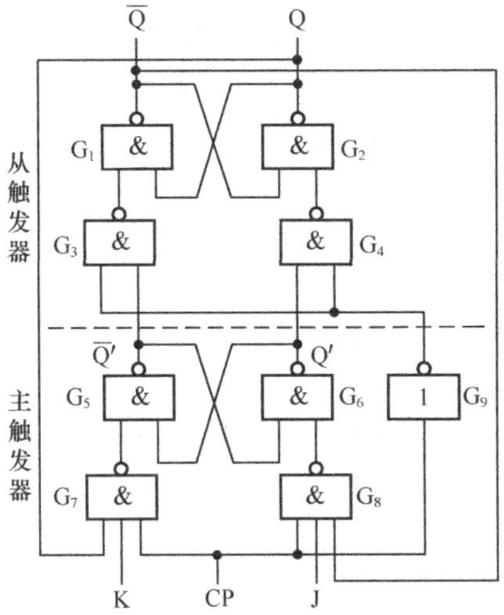

（a）逻辑图

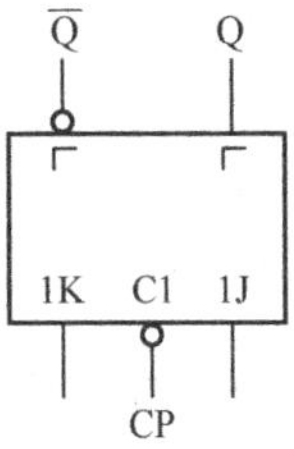

（b）逻辑符号

图 4.10 主从 JK 触发器

如图 4.10 所示，在主从 RS 触发器的基础上增加两根反馈线，一根从 Q 端引到 G_7 门的输入端，一根从 $\overline{Q}$ 端引到 G_8 门的输入端，并把原来的 S 端改为 J 端，R 端改为 K 端，这就构成了主从 JK 触发器。

2. 逻辑功能

JK 触发器的逻辑功能与 RS 触发器的逻辑功能基本相同，不同之处是 JK 触发器没有约束条件，当 J=K=1 时，每输入一个时钟脉冲后，触发器向相反的状态翻转一次。表 4.5 所示为 JK 触发器的功能表。

表 4.5 主从 JK 触发器的功能表

J	K	Q^n	Q^{n+1}	功能说明
0	0	0	0	保持
0	0	1	1	
0	1	0	0	置“0”
0	1	1	0	
1	0	0	1	置“1”
1	0	1	1	
1	1	0	1	翻转
1	1	1	0	

JK 触发器 Q^{n+1} 的卡诺图如图 4.11 所示，由此可得 JK 触发器的特性方程为

$$Q^{n+1} = J\overline{Q^n} + \overline{K}Q^n$$

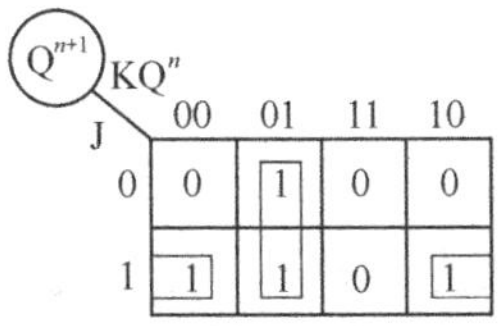

图 4.11 JK 触发器的卡诺图

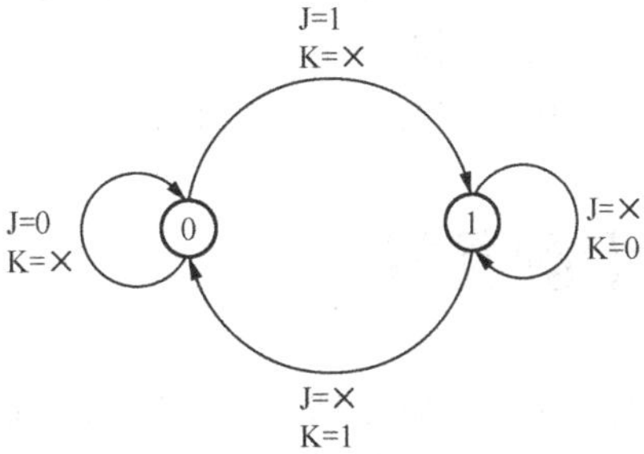

图 4.12 JK 触发器的状态转换图

JK 触发器的状态转换图如图 4.12 所示，驱动表如表 4.6 所示。

例 4.2 设主从 JK 触发器的初始状态为“0”，已知输入 J、K 的波形如图 4.13 所示，画出输出 Q 的波形图。

解：根据主从 JK 触发器的功能表，画出输出 Q 的波形图，如图 4.13 所示。

表 4.6 JK 触发器的驱动表

Q^n	→ Q^{n+1}	J	K
0	0	0	×
0	1	1	×
1	0	×	1
1	1	×	0

在画主从触发器的波形图时，应注意以下两点：

（1）触发器的触发翻转发生在时钟脉冲的触发沿（这里是下降沿）；

（2）在 CP=1 期间，不管输入信号的状态是否有改变，判断触发器次态的依据是时钟脉冲下降沿前一瞬间输入端的状态。

3. 主从 JK 触发器存在的问题——一次变化现象

例 4.3 主从 JK 触发器如图 4.10（a）所示，设初始状态为“0”，已知输入 J、K 的波形如图 4.14 所示，画出输出 Q 的波形图。

解：根据 JK 触发器的功能表，画出输出 Q 的波形，如图 4.14 所示。

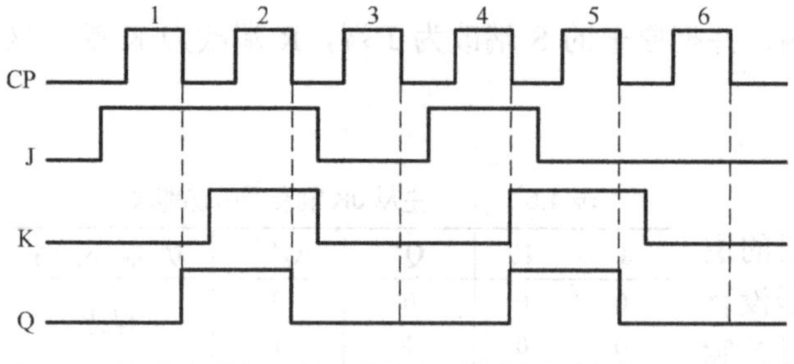

图 4.13 例 4.2 波形图

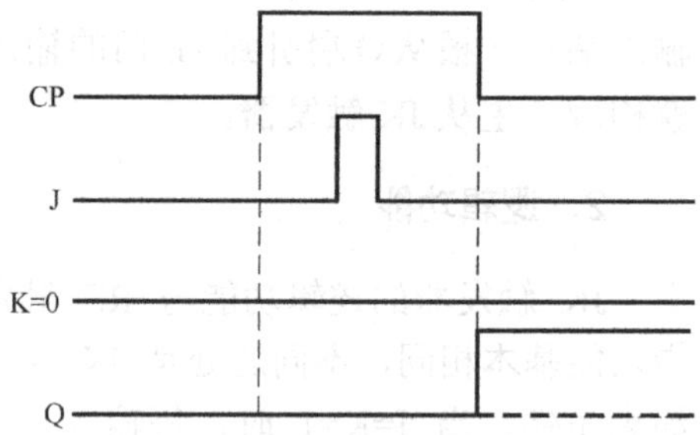

图 4.14 主从 JK 触发器一次变化现象

由图 4.14 看出，主从 JK 触发器在 CP=1 期间，主触发器只变化（翻转）一次，这种现象称为一次变化现象。一次变化现象也是一种有害的现象，如果在 CP=1 期间，输入端出现干扰信号，就可能造成触发器的误动作。为了避免发生一次变化现象，在使用主从 JK 触发器时，必须保证在 CP=1 期间，J、K 保持状态不变。

要解决一次变化问题，需要从电路结构上入手，让触发器只接收 CP 触发沿到来前一瞬间的输入信号，这种触发器称为边沿触发器。

4.5 边沿触发器

边沿触发器不仅将触发器的翻转控制在 CP 触发沿到来的一瞬间，而且将接收输入信号的时间也控制在 CP 触发沿到来前的一瞬间。因此，边沿触发器既没有空翻现象，也没有一次变化问题，从而大大提高了触发器工作的可靠性和抗干扰能力。

4.5.1 负边沿 JK 触发器

1. 电路组成

图 4.15 所示是负边沿 JK 触发器的电路结构和逻辑符号，负边沿 JK 触发器的功能如表 4.7 所示，其特性方程为

$$Q^{n+1} = J\overline{Q^n} + \overline{K}Q^n$$

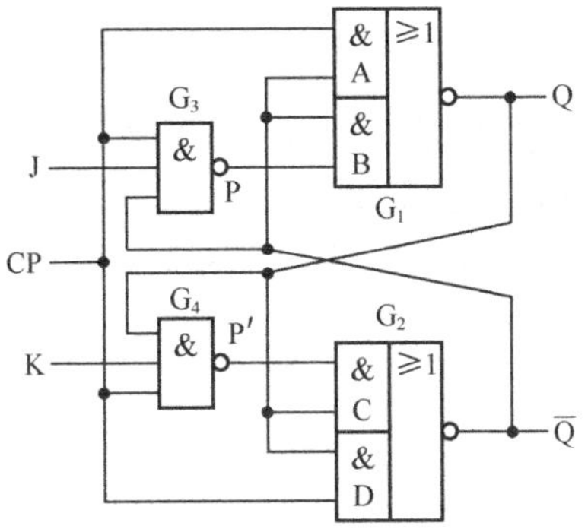

（a）逻辑电路

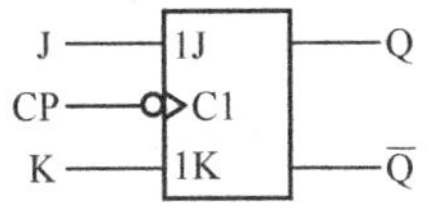

（b）逻辑符号

图 4.15 负边沿 JK 触发器

表 4.7 负边沿 JK 触发器的功能表

CP	J	K	Q^n	Q^{n+1}	功 能 说 明
↓	0	0	0	0	保持
	0	0	1	1	
↓	0	1	0	0	置“0”
	0	1	1	0	
↓	1	0	0	1	置“1”
	1	0	1	1	
↓	1	1	0	1	翻转
	1	1	1	0	

负边沿 JK 触发器与主从 JK 触发器相比较，既提高了工作频率，又克服了在 CP=1 期间不允许 J、K 变化的限制。

2. 集成 JK 触发器

74LS112 为双下边沿 JK 触发器，其管脚排列及符号如图 4.16 所示。

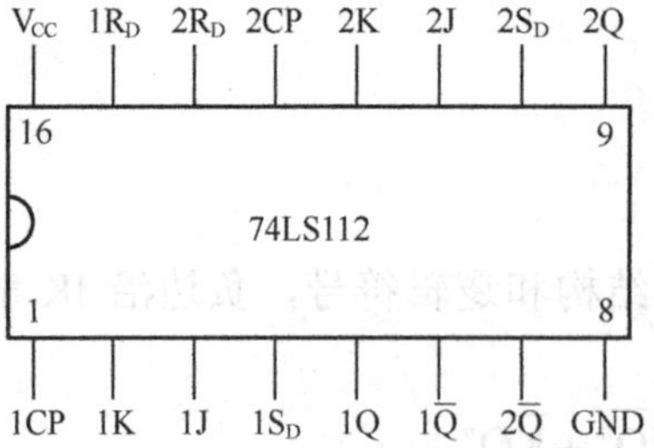

（a）管脚排列

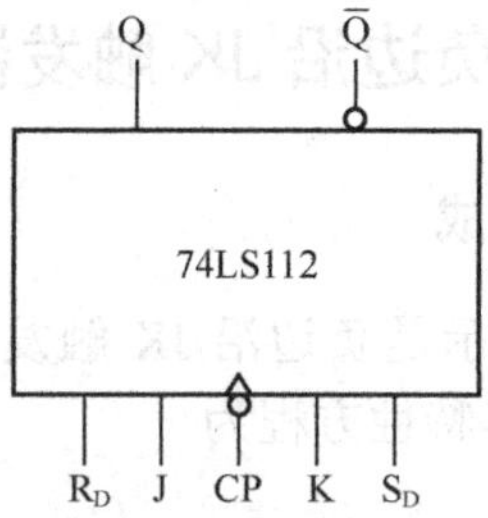

（b）逻辑符号

图 4.16　74LS112 管脚排列图

为了方便设置触发器的状态，绝大多数触发器均设置了直接置位输入端 S_D 和直接复位输入端 R_D；直接置位端与直接复位端的作用优先于输入控制端，即 R_D 或 S_D 起作用时，触发器的功能失效，状态由 R_D 和 S_D 决定，只有当 R_D 和 S_D 不起作用（即 R_D=S_D=1）时，触发器的状态才由 CP 和输入控制端确定。

3．T 和 T′触发器

（1）T 触发器

将 JK 触发器的输入端 J 与 K 相连，引入一个新的输入信号，JK 触发器就变成 JT 触发器。在 CP 脉冲作用下，根据输入信号 T 的取值，T 触发器具有保持和翻转（计数）功能，即当 T=0 时，$Q^{n+1}=Q^n$（保持）；当 T=1 时，$Q^{n+1}=\overline{Q^n}$（翻转）。T 触发器的特性方程为

$$Q^{n+1}=T\overline{Q^n}+\overline{T}Q^n$$

（2）将 T 触发器的输入端置 T=1，就构成 T′触发器

在 CP 脉冲作用下，T′触发器实现计数功能，其特性方程为

$$Q^{n+1}=\overline{Q^n}$$

4.5.2　维持阻塞 D 触发器

1．电路结构

维持阻塞 D 触发器是利用电路内部的维持阻塞线产生的维持阻塞作用来克服空翻的。维持是指在 CP 期间，当输入发生变化时，使应该开启的门维持畅通无阻，使其完成预定的操作；阻塞是指在 CP 期间，当输入发生变化时，使不应开启的门处于关闭状态，阻止产生不应该的动作。维持阻塞触发器一般是在 CP 脉冲的上升沿接收输入控制信号并改变其状态的。

图 4.17 所示是维持阻塞 D 触发器的电路结构和符号图，其逻辑功能如表 4.8 所示，特性方程为

$$Q^{n+1}=D$$

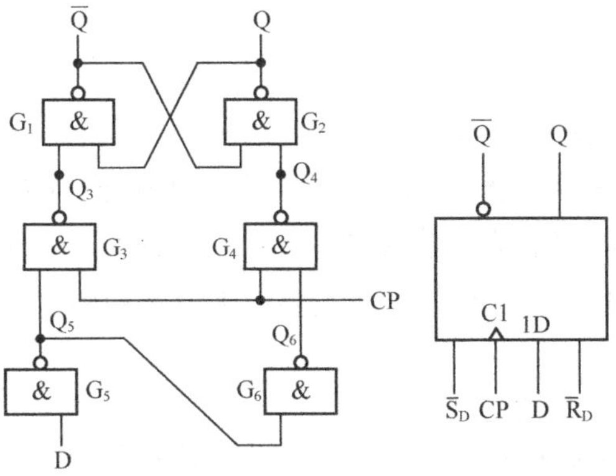

（a）逻辑电路　　（b）符号图

图 4.17　维持阻塞 D 触发器

表 4.8　维持阻塞 D 触发器的功能表

CP	D	Q^n	Q^{n+1}	功 能 说 明
↑	0	0	0	输出状态与 D 状态相同
↑	0	1	0	
↑	1	0	1	
↑	1	1	1	

表 4.9　D 触发器的驱动表

Q^n	$\rightarrow Q^{n+1}$	D
0	0	0
0	1	1
1	0	0
1	1	1

由维持阻塞 D 触发器的功能表，可得其状态转换图，如图 4.18 所示，驱动表如表 4.9 所示。

例 4.4　设维持阻塞 D 触发器的初始状态为“0”，已知输入 D 的波形如图 4.19 所示，画出输出 Q 的波形图。

解：根据 D 触发器的功能，可画出输出端 Q 的波形图，如图 4.19 所示。

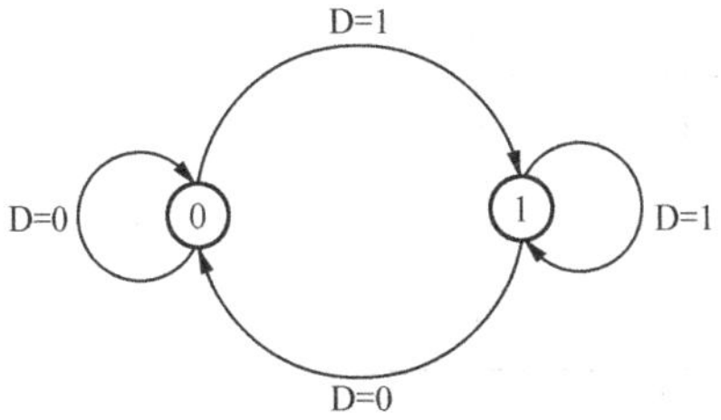

图 4.18　D 触发器的状态转换图

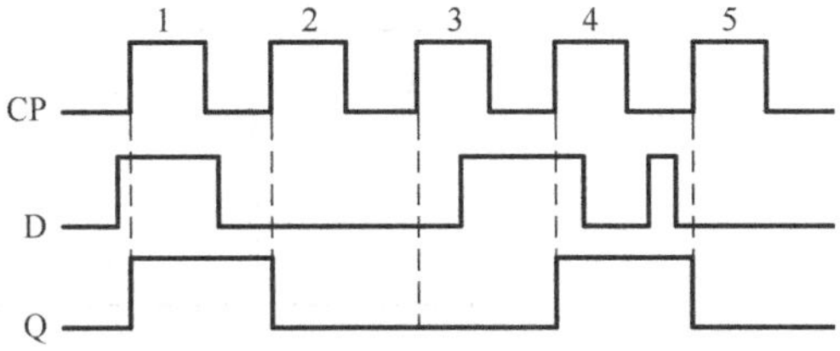

图 4.19　例 4.4 波形图

画边沿触发器波形图时，应注意以下两点：

（1）触发器的触发翻转发生在时钟脉冲的触发沿（这里是上升沿）；

（2）判断触发器次态的依据是时钟脉冲触发沿前一瞬间（这里是上升沿前一瞬间）输入端的状态。

2. 集成D触发器

（1）TTL边沿D触发器74LS74

74LS74为双上升沿D触发器，管脚排列如图4.20所示，CP为时钟输入端，D为输入端，Q和$\overline{Q}$为互补输出端；$\overline{R_D}$为直接复位端，低电平有效；$\overline{S_D}$为直接置位端，低电平有效；$\overline{R_D}$和$\overline{S_D}$主要用来设置初始状态。

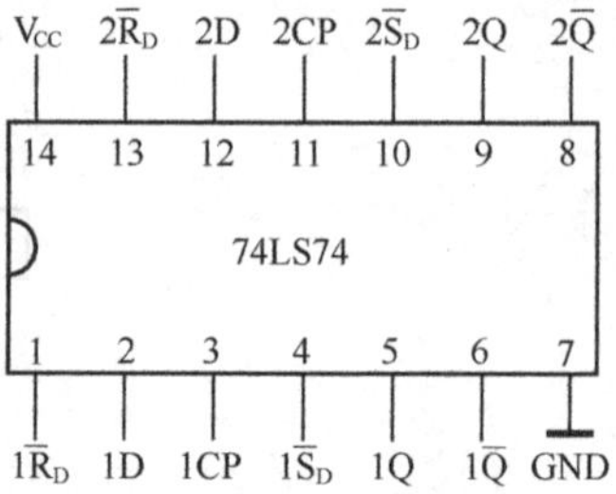

图4.20　74LS74管脚图

（2）高速CMOS边沿D触发器74HC74

74HC74为单输入端的双D触发器。一个芯片封装着两个相同的D触发器，每个触发器只有一个D端，它们都带有直接置“0”端R_D和直接置“1”端S_D，低电平有效，CP为上升沿触发。74HC74的逻辑符号和引脚排列如图4.21所示。表4.10为高速CMOS边沿D触发器74HC74的功能表。

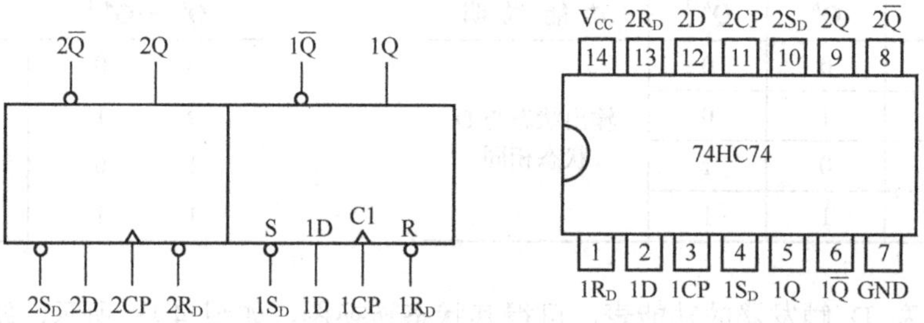

（a）逻辑符号　　　　（b）引脚排列图

图4.21　高速CMOS边沿D触发器74HC74

表4.10　74HC74的功能表

输入				输出	
R_D	S_D	CP	D	Q	$\overline{Q}$
0	1	×	×	0	1
1	0	×	×	1	0
1	1	↑	0	0	1
1	1	↑	1	1	0

4.6　触发器的相互转换

触发器按功能分有RS触发器、JK触发器、D触发器、T触发器和T′触发器5种类型，但最常见的集成触发器是JK触发器和D触发器。T触发器和T′触发器没有集成产品，需要时，可以用其他触发器转换成T或T′触发器。JK触发器与D触发器、T触发器、T′触发器之间的功能也是可以互相转换的。

1. 用 JK 触发器转换成其他功能的触发器

（1）JK→D

写出 JK 触发器的特性方程

$$Q^{n+1} = J\overline{Q^n} + \overline{K}Q^n$$

写出 D 触发器的特性方程并变换为

$$Q^{n+1} = D = D(\overline{Q^n} + Q^n) = D\overline{Q^n} + DQ^n$$

比较以上两式，得

$$J=D \qquad K=\overline{D}$$

画出 JK 触发器转换成 D 触发器的逻辑图，如图 4.22（a）所示。

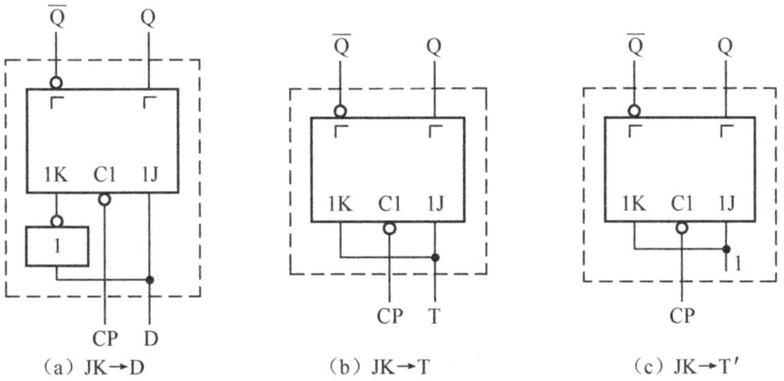

图 4.22 JK 触发器转换成其他功能的触发器

（2）JK→T（T′）

写出 T 触发器的特性方程

$$Q^{n+1} = T\overline{Q^n} + \overline{T}Q^n$$

与 JK 触发器的特性方程比较，可得

$$J=K=T$$

画出 JK 触发器转换成 T 触发器的逻辑图，如图 4.22（b）所示。

令 T=1，即可得 T′触发器，如图 4.22（c）所示。

2. 用 D 触发器转换成其他功能的触发器

（1）D→JK

写出 D 触发器和 JK 触发器的特性方程

$$Q^{n+1} = D$$

$$Q^{n+1} = J\overline{Q^n} + \overline{K}Q^n$$

联立两式，得

$$D = J\overline{Q^n} + \overline{K}Q^n$$

画出用 D 触发器转换成 JK 触发器的逻辑图，如图 4.23（a）所示。

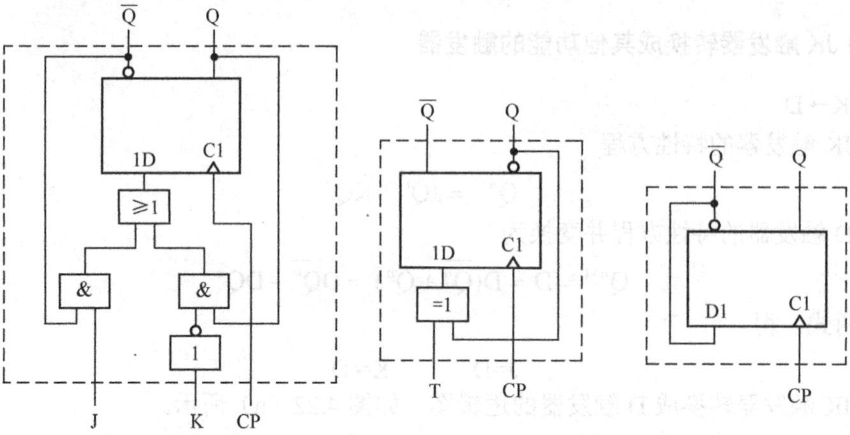

（a）D→JK　　（b）D→T　　（c）D→T′

图 4.23　D 触发器转换成其他功能的触发器

（2）D→T

写出 D 触发器和 T 触发器的特性方程

$$Q^{n+1}=D$$

$$Q^{n+1}=T\overline{Q^n}+\overline{T}Q^n$$

联立两式，得

$$D=T\overline{Q^n}+\overline{T}Q^n=T\oplus Q^n$$

画出 D 触发器转换成 T 触发器的逻辑图，如图 4.23（b）所示。

（3）D→T′

写出 D 触发器和 T′触发器的特性方程

$$Q^{n+1}=D$$

$$Q^{n+1}=\overline{Q^n}$$

联立两式，得

$$D=\overline{Q^n}$$

画出 D 触发器转换成 T′触发器的逻辑图，如图 4.23（c）所示。

4.7　触发器的应用

触发器的应用非常广泛，可用于计数操作、分频操作、数据传输、错误检测、微处理器以及许多控制电路，下面介绍触发器的简单应用电路。

应用基本触发器，可以消除由于机械开关而引起的干扰脉冲。机械开关接通时，由于振动会使电压或电流波形产生毛刺，如图 4.24 所示。在电子电路中，一般不允许出现这样的现象，这种干扰信号会导致电路出错。

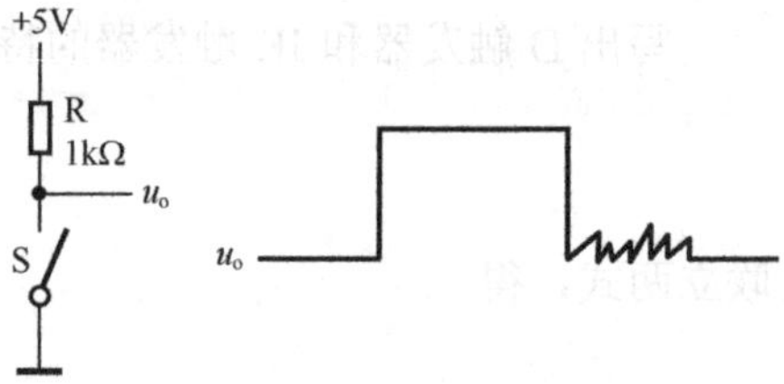

图 4.24　机械开关的工作情况

利用基本触发器的记忆功能可以消除上述开关振动所产生的毛刺，图 4.25 所示为常用的消抖开关，图中的 S 为单刀双掷开关，假设初始时刻 S 与 A 点相接，这时触发器的输出状态为“0”。当开关由 A 点拨向 B 点时，其中有短暂的浮空时间，这时触发器的输入均为“1”，输出仍为“0”，中间触点与 B 点接通时，B 点的电位由于振动而产生毛刺，但是，因为 A 点已经为高电平，B 点即使出现高电平，也不会改变触发器的状态，所以输出端的电压波形不会出现毛刺现象，如图 4.25（b）所示。

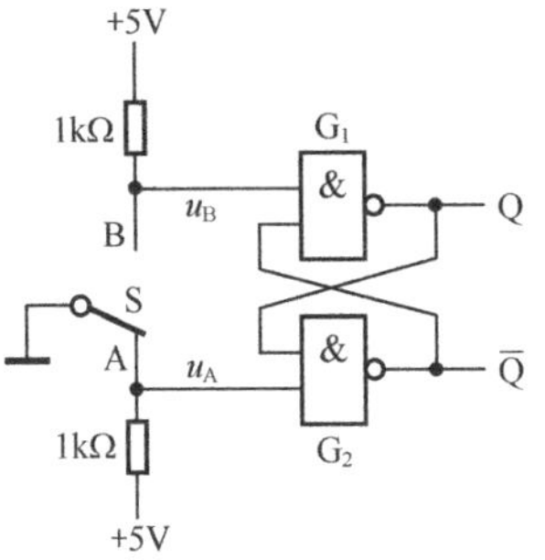

（a）电路图

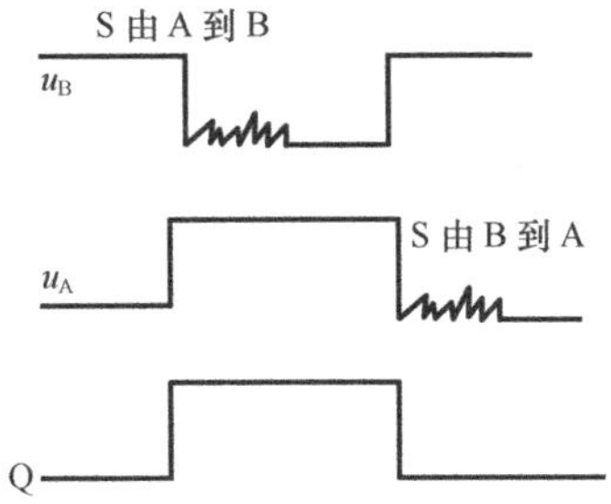

（b）电压波形

图 4.25 消抖开关及其输出波形

4.8 抢答器锁存电路的设计

一、工作要求

设计一个抢答器锁存电路，可锁存参加比赛的 4 名选手或 4 个代表队，编号为 1、2、3、4，各用一个抢答按钮；抢答开始后，若有选手按动抢答按钮，编号立即锁存，并在 LED 数码管上显示出选手的编号；此外，要封锁输入电路，实现优先锁存，禁止其他选手抢答，优先抢答选手的编号一直保持到主持人将系统清零。

二、工作任务

1. 熟悉常用触发器的功能和使用；
2. 能借助资料读懂集成触发器的型号，明确各引脚的功能；
3. 熟悉电路仿真软件。

三、信息资料

1.《常用集成电路的管脚图》
2.《集成逻辑门电路的功能、符号和型号》
3. 仿真软件

四、引导问题

1. 设计的抢答器锁存电路的应用场景？
2. 制作的抢答器锁存电路的功能？
3. 需要哪些器件？其功能是什么？如何使用？
4. 选择集成块应该注意的问题？
5. 制作过程中需要考虑的安全问题及应对的措施？

五、工作计划

序号	工作阶段	材料清单	安全事项	时间安排
1				
2				
3				
4				
5				
6				
…				

六、设计的电路

七、结果分析

1．电路优点

2．电路缺点

3．应对的方法

项目小结

1．触发器有两个基本性质：①有两个稳定状态（输出“1”状态，输出“0”状态）；②在输入信号和时钟脉冲作用下，可触发翻转。正因为有这两个基本性质，一个触发器可以存储一位二进制数据，因此触发器又叫做“记忆”元件。

2．描述触发器逻辑功能的方法有很多，常用的有功能表、特性方程、状态转换图和波形图等。这些方法各有特点：功能表直观，但较繁琐；特性方程概括性强，便于运算，但较抽象；状态转换图简便直观，但难记忆；波形图便于观察，但画法较复杂。

各种描述方法之间是可以相互转换的。

习题四

4-1．RS 触发器有哪几种功能？写出其特性方程和功能表。

4-2．基本 RS 触发器如题图 4-1 所示，试画出 Q 对应$\overline{R}$和$\overline{S}$的波形（设 Q 的初态为“0”）。

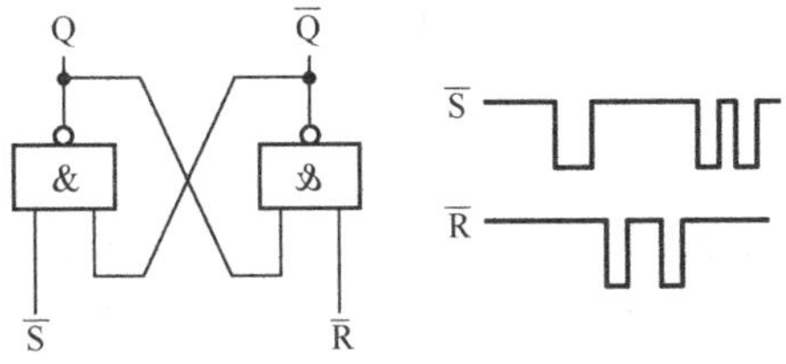

题图 4-1

4-3．同步 RS 触发器如题图 4-2 所示，试画出 Q 对应 R 和 S 的波形（设 Q 的初态为“0”）。

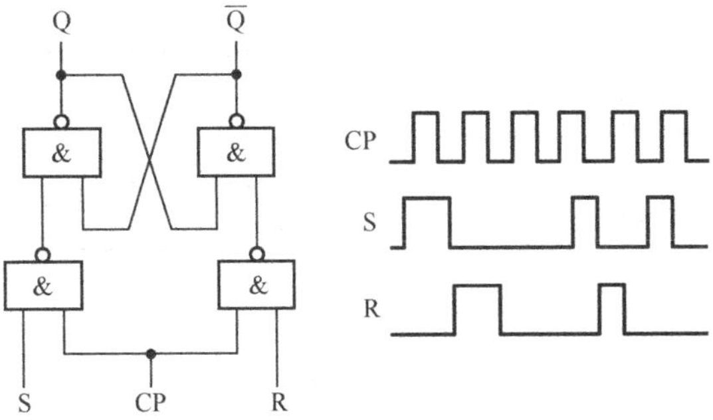

题图 4-2

4-4．已知下降沿有效的 JK 触发器 CP、J、K 及异步置“1”端$\overline{S}_d$、异步置“0”端$\overline{S}_d$的波形如题图 4-3 所示，试画出 Q 的波形（设 Q 的初态为“0”）。

4-5．JK 触发器有哪几种功能？写出其特性方程和功能表。

4-6．D 触发器有哪几种功能？写出其特性方程和功能表。

4-7．已知 CP 和 D 的波形如题图 4-4 所示，试画出高电平有效和上升沿有效 D 触发器 Q 的波形（设 Q 的初态为“0”）。

4-8．设题图 4-5 中触发器的初态均为“0”，试画出 Q 端的波形。

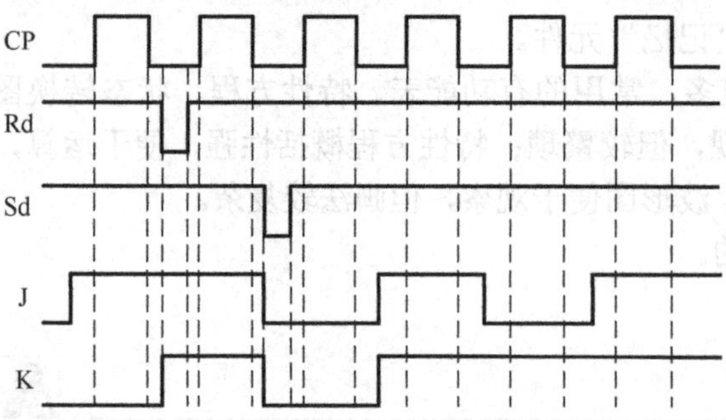

题图 4-3

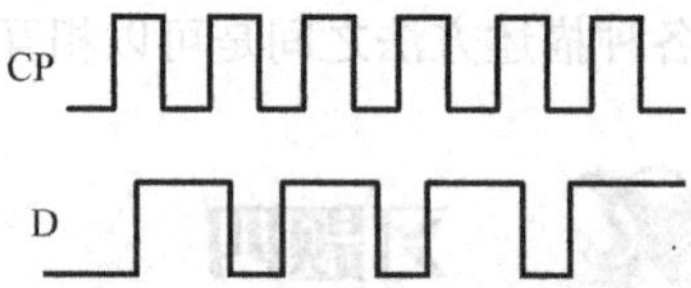

题图 4-4

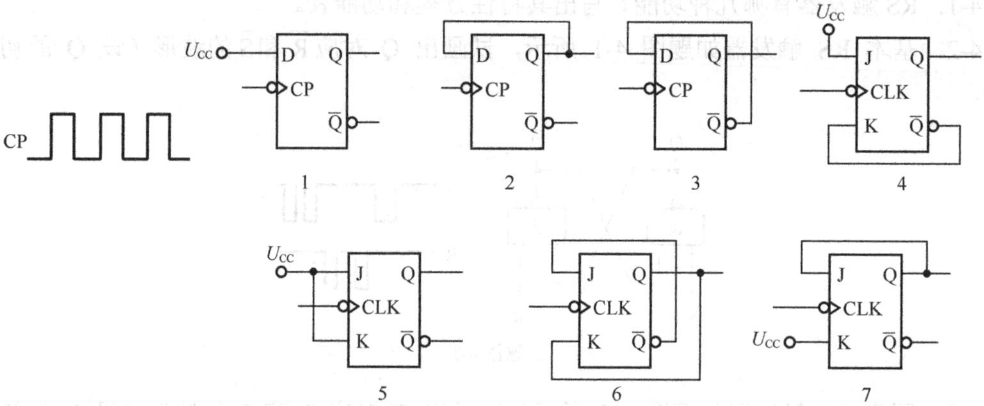

题图 4-5

4-9．设题图 4-6 中触发器的初态均为“0”，试画出对应 A、B 的 X、Y 的波形。

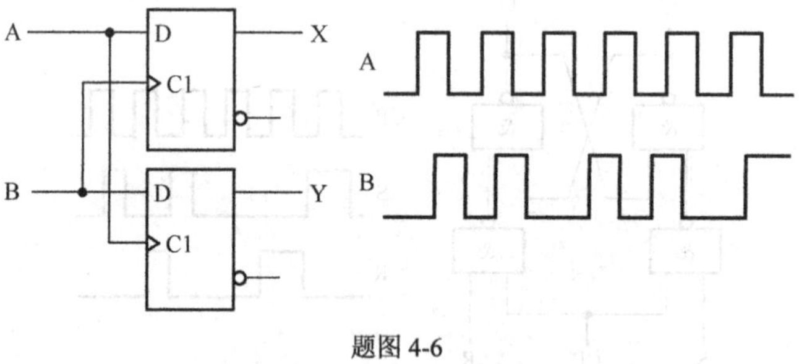

题图 4-6

4-10．电路如题图 4-7 所示，S 为常开按钮，C 是用来防抖动的，分析当点击 S 时，发光二极管 LED 的发光情况。

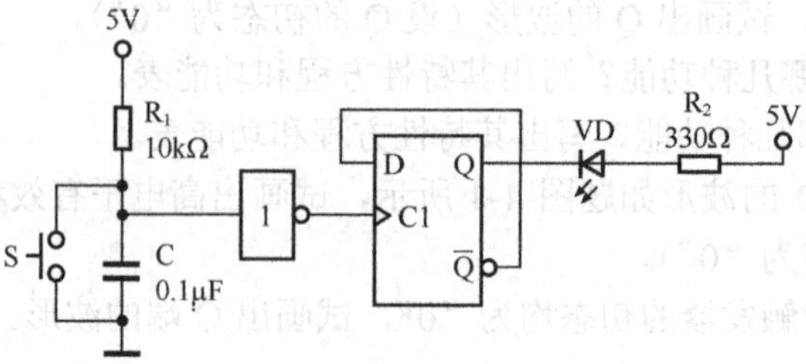

题图 4-7

项目 5

时序逻辑电路——抢答器计时电路的设计

本项目的任务是了解时序逻辑电路的基本概念和基本特点，掌握时序逻辑电路的一般分析方法，重点是时序逻辑部件计数器和寄存器的逻辑功能和典型应用。

通过本项目的学习，能够识别常用集成计数器和寄存器的功能、管脚分布和各引脚功能；能用 74LS161、74LS290 等构成任意进制计数器；能完成抢答器计时电路的设计、安装与调试。

5.1　时序逻辑电路概述

1．时序逻辑电路的结构及特点

时序逻辑电路简称时序电路，与组合逻辑电路并驾齐驱，是数字电路的两大重要分支之一。时序逻辑电路的特点是电路任何一个时刻的输出状态不仅取决于当时的输入信号，还与电路的原状态有关。

时序电路中必须含有具有记忆功能的存储器件。存储器件的种类很多，如触发器、延迟线、磁性器件等，最常用的是触发器。

由触发器作存储器件的时序逻辑电路的基本结构框图如图 5.1 所示，一般来说，它由组合电路和触发器两部分组成。

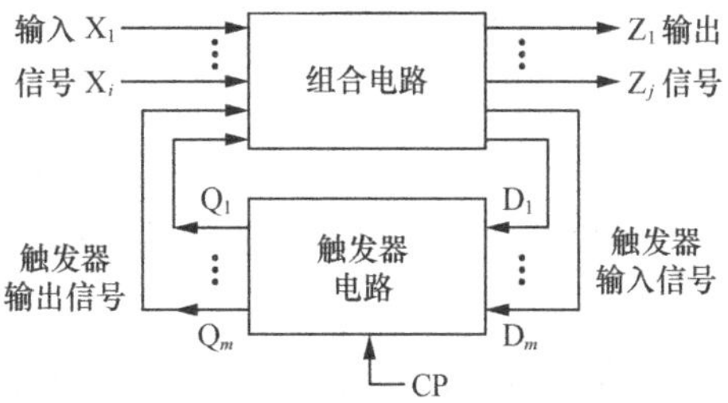

图 5.1　时序逻辑电路框图

2．时序逻辑电路的分类

按照电路状态转换情况不同，时序逻辑电路可分为同步时序电路和异步时序电路两大类。

在同步时序电路中，所有触发器状态的变化都是在同一时钟信号操作下同时发生的，而在异步时序电路中，触发器状态的变化不是同时发生的。

5.2　时序逻辑电路的分析

5.2.1　时序逻辑电路的分析

分析时序逻辑电路，一般包括以下几个步骤：

（1）根据给定的时序电路图，写出各触发器的输出方程和驱动方程；

（2）将驱动方程代入相应触发器的特性方程，求得各触发器的次态方程，也就是时序逻辑电路的状态方程；

（3）根据状态方程和输出方程，列出该时序电路的状态表，画出状态转换图或时序图；

（4）根据电路的状态表，说明该时序逻辑电路的逻辑功能。

5.2.2 同步时序逻辑电路的分析举例

例 5.1 试分析图 5.2 所示的时序逻辑电路。

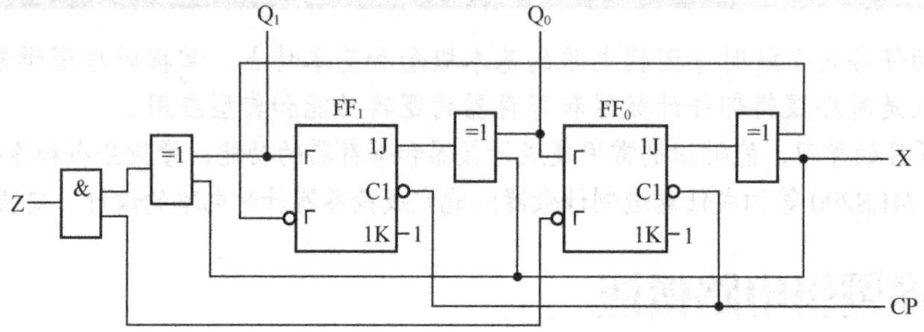

图 5.2 例 5.1 的逻辑电路图

解：（1）写出输出方程

$$Z=(X\oplus Q_1^n)\cdot\overline{Q_0^n}$$

（2）写出驱动方程

$$J_0=X\oplus\overline{Q_1^n}\qquad K_0=1$$

$$J_1=X\oplus Q_0^n\qquad K_1=1$$

（3）写出 JK 触发器的特性方程

$$Q^{n+1}=J\overline{Q^n}+\overline{K}Q^n$$

将各驱动方程代入 JK 触发器的特性方程，得各触发器的次态方程

$$Q_0^{n+1}=(X\oplus\overline{Q_1^n})\overline{Q_0^n}$$

$$Q_1^{n+1}=(X\oplus Q_0^n)\overline{Q_1^n}$$

（4）作状态表及状态转换图

由于输入控制信号 X 可取“1”，也可取“0”，所以分两种情况列状态表和画状态转换图。

① 当 X=0 时

将 X=0 代入输出方程和各触发器的次态方程，得

$$Z=Q_1^n\overline{Q_0^n}$$

$$Q_0^{n+1}=\overline{Q_1^n Q_0^n}$$

$$Q_1^{n+1}=Q_0^n\overline{Q_1^n}$$

设电路的现态为 $Q_1^nQ_0^n=00$，依次代入上述触发器的次态方程和输出方程中进行计算，得到电路的状态表，如表 5.1 所示。

表 5.1 X=0 时的状态表

现态		次态		输出
Q_1^n	Q_0^n	Q_1^{n+1}	Q_0^{n+1}	Z
0	0	0	1	0
0	1	1	0	0
1	0	0	0	1

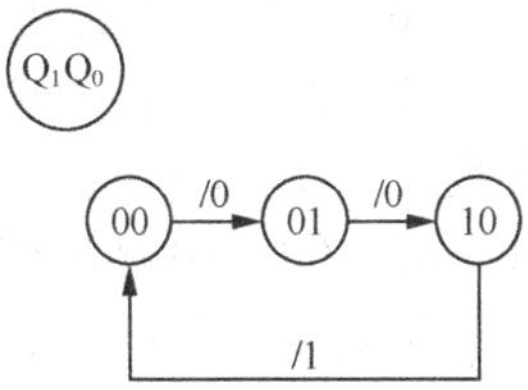

图 5.3 X=0 时的状态图

根据表 5.1 可得状态转换图如图 5.3 所示。

② 当 X=1 时

将 X=1 代入输出方程和各触发器的次态方程，得

$$Z=\overline{Q_1^n\ Q_0^n}$$

$$Q_0^{n+1}=Q_1^n\overline{Q_0^n}$$

$$Q_1^{n+1}=\overline{Q_0^n\ Q_1^n}$$

计算可得电路的状态表如表 5.2 所示，状态转换图如图 5.4 所示。

表 5.2 X=1 时的状态表

现态		次态		输出
Q_1^n	Q_0^n	Q_1^{n+1}	Q_0^{n+1}	Z
0	0	1	0	1
1	0	0	1	0
0	1	0	0	0

将图 5.3 和图 5.4 合并起来，就是电路完整的状态图，如图 5.5 所示。

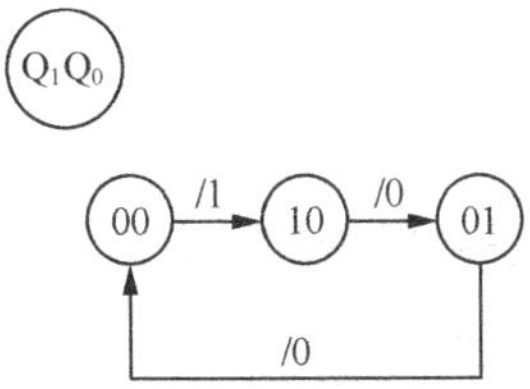

图 5.4 X=1 时的状态图

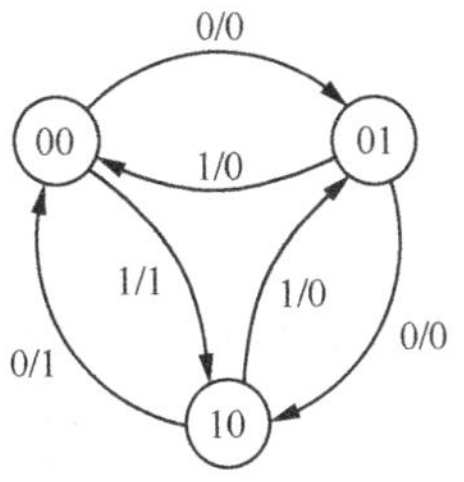

图 5.5 完整的状态图

（5）画时序波形图，如图 5.6 所示。

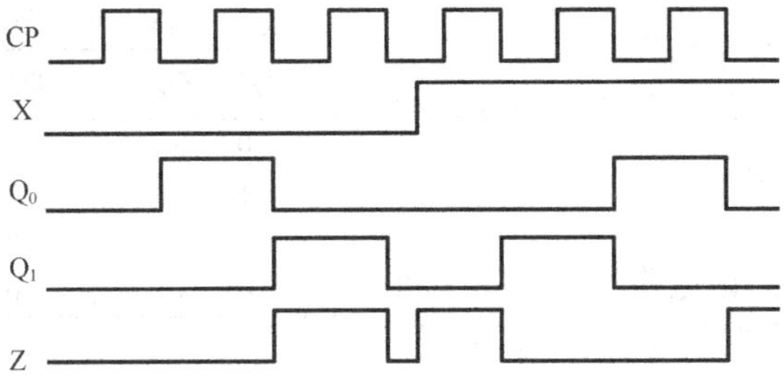

图 5.6 例 5.1 电路的时序波形图

（6）逻辑功能分析

该电路一共有 3 个状态 00、01、10。当 X=0 时，按照加 1 规律从 00→01→10→00 循环变化，每当转换为 10 状态（最大数）时，输出 Z=1；当 X=1 时，按照减 1 规律从 10→01→00→10 循环变化，每当转换为 00 状态（最小数）时，输出 Z=1。

所以该电路是一个可控的 3 进制计数器，当 X=0 时，作加法计数，Z 是进位信号；当 X=1 时，作减法计数，Z 是借位信号。

5.2.3 异步时序逻辑电路的分析举例

例 5.2 试分析图 5.7 所示时序逻辑电路的功能。

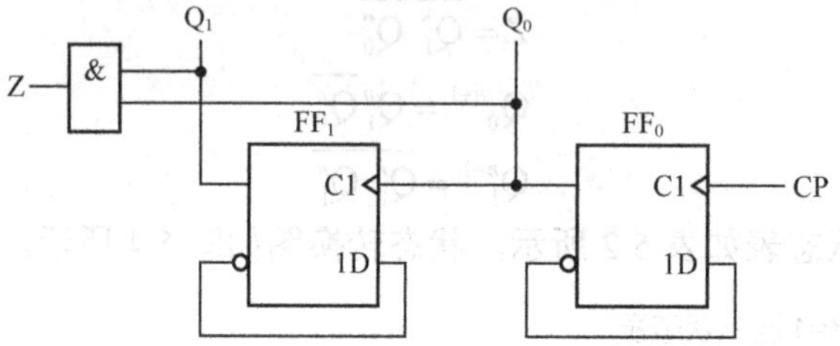

图 5.7 例 5.2 的逻辑电路图

解：（1）写出各逻辑方程式

① 时钟方程

$$CP_0 = CP\ (CP = 0\to 1)$$
$$CP_1 = Q_0\ (Q_0 = 0\to 1)$$

② 输出方程

$$Z = Q_1^n Q_0^n$$

③ 驱动方程

$$D_0 = \overline{Q_0^n}$$
$$D_1 = \overline{Q_1^n}$$

（2）将各驱动方程代入 D 触发器的特性方程，得出各触发器的次态方程

$$Q_0^{n+1} = D_0 = \overline{Q_0^n} \qquad (CP = 0\to 1)$$
$$Q_1^{n+1} = D_1 = \overline{Q_1^n} \qquad (Q_0 = 0\to 1)$$

（3）作状态表、状态转换图和时序图

设电路的现态为 $Q_1^n Q_0^n = 00$，依次代入上述触发器的次态方程和输出方程中进行计算，得到电路的状态表，如表 5.3 所示。

根据状态转换表，可得电路的状态图如图 5.8 所示，时序图如图 5.9 所示。

表 5.3 例 5.2 电路的状态转换表

现态		次态		输出
Q_1^n	Q_0^n	Q_1^{n+1}	Q_0^{n+1}	Z
0	0	1	1	1
1	1	1	0	0
1	0	0	1	0
0	1	0	0	0

（4）逻辑功能分析

由状态转换图可知：该电路一共有 4 个状态 00、11、10、01，在时钟脉冲作用下，按照减 1 规律循环变化，所以是一个 4 进制减法计数器，Z 是借位信号。

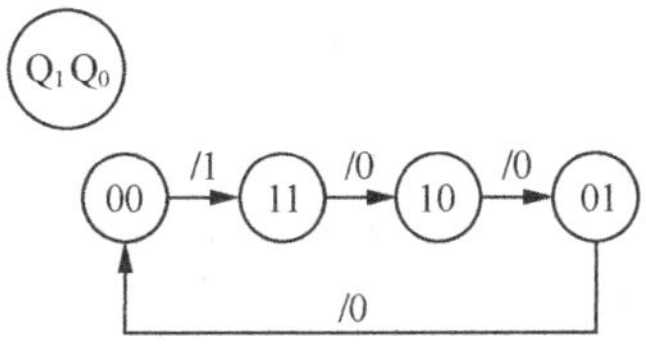

图 5.8　例 5.2 电路的状态图

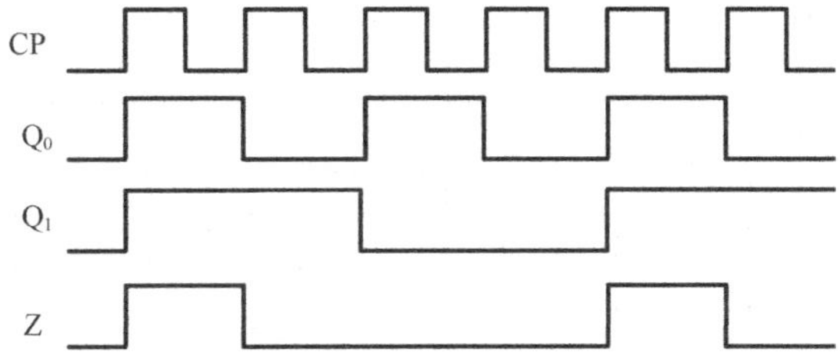

图 5.9　例 5.2 电路的时序图

5.3 计数器

计数器是用以统计输入脉冲 CP 个数的电路。

计数器的分类：

（1）按进位的模数（基数）分类

① 模 2 计数器：进位模数为 2^n 的计数器均称为模 2 计数器；模 2 计数器又称为 n 位二进制计数器。

② 非模 2 计数器：进位模数非 2^n，用得较多的有十进制计数器。

（2）按数字的增减趋势分类

① 加法计数器：每来一个计数脉冲，触发器组成的状态就按二进制代码规律增加。

② 减法计数器：每来一个计数脉冲，触发器组成的状态就按二进制代码规律减少。

③ 可逆计数器：计数规律可按加法规律，也可按减法规律，由控制端决定。

（3）按计数器中触发器翻转是否与计数脉冲同步分类

① 同步计数器：计数脉冲引至所有触发器的 CP 端，使需翻转的触发器同时翻转。

② 异步计数器：计数脉冲不引至所有触发器的 CP 端，有的触发器的 CP 端是其他触发器的输出，因此触发器不是同时动作。

5.3.1　二进制计数器

1. 异步二进制计数器

（1）异步二进制加法计数器

图 5.10 所示为由 4 个下降沿触发的 JK 触发器组成的 4 位异步二进制加法计数器的逻辑图。图中 JK 触发器都接成 T′触发器（即 J=K=1），最低位触发器 FF_0 的时钟脉冲输入端接计数脉冲 CP，其他触发器的时钟脉冲输入端接相邻低位触发器的 Q 端。

由于该电路的连线简单且规律性强，只需作简单地观察与分析便可画出该电路的时序图或状态图，这种分析方法称为“观察法”。

用“观察法”作出该电路的时序图如图 5.11 所示，状态图如图 5.12 所示。

由状态图可见，从初态 0000（由清零脉冲所置）开始，每输入一个计数脉冲，计数器的状态按二进制加法规律加 1，所以该电路是二进制加法计数器（4 位）。又因为该计数器有 0000～1111 共 16 个状态，所以也称十六进制（1 位）加法计数器或模 16（M=16）加法计数器。

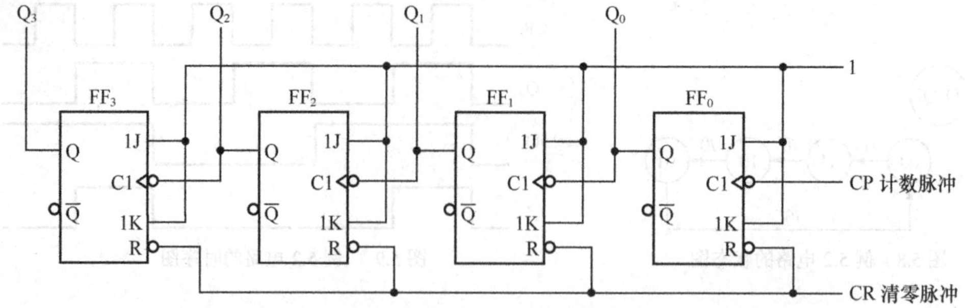

图 5.10 由 JK 触发器组成的 4 位异步二进制加法计数器的逻辑图

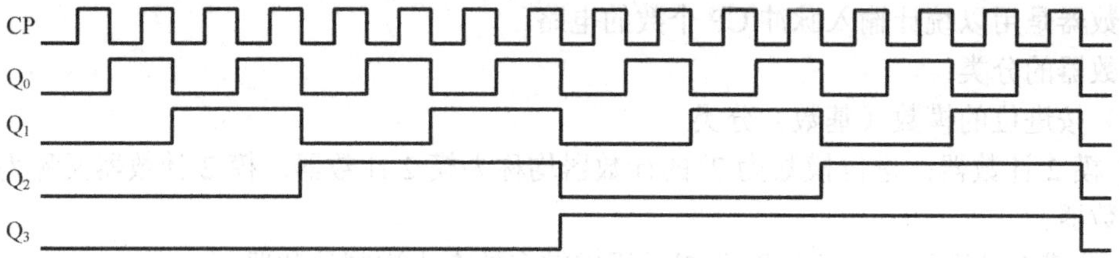

图 5.11 图 5.10 所示电路的时序图

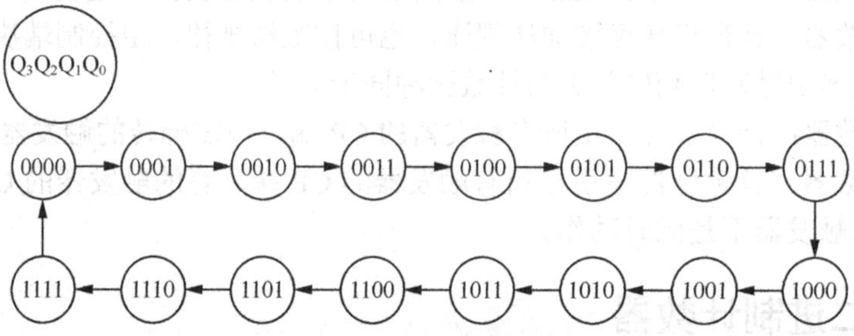

图 5.12 图 5.10 所示电路的状态图

此外，从时序图可以看出 Q_0、Q_1、Q_2、Q_3 的周期分别是计数脉冲（CP）周期的 2 倍、4 倍、8 倍、16 倍，也就是说 Q_0、Q_1、Q_2、Q_3 分别对 CP 波形进行了二分频、四分频、八分频和十六分频，因此计数器也可作为分频器使用。

异步二进制计数器结构简单，改变级联触发器的个数，可以很方便地改变二进制计数器的位数，n 个触发器可构成 n 位二进制计数器（又称为 2^n 计数器）或 2^n 分频器。

（2）异步二进制减法计数器

将图 5.10 所示电路中 FF_1、FF_2、FF_3 的时钟脉冲输入端改接到相邻低位触发器的 $\overline{Q}$ 端即可构成异步二进制减法计数器。

在异步二进制计数器中，高位触发器的状态翻转必须在相邻触发器产生进位信号（加法计数）或借位信号（减法计数）之后才能实现，所以异步计数器的工作速度较低。

为了提高计数速度，可采用同步计数器。

2. 同步二进制计数器

（1）同步二进制加法计数器

图 5.13 所示为由 4 个 JK 触发器组成的同步 4 位二进制加法计数器的逻辑图。图中各触发器的时钟脉冲输入端接同一计数脉冲 CP，是一个同步时序电路。

各触发器的驱动方程分别为

$$J_0 = K_0 = 1$$
$$J_1 = K_1 = Q_0$$
$$J_2 = K_2 = Q_0Q_1$$
$$J_3 = K_3 = Q_0Q_1Q_2$$

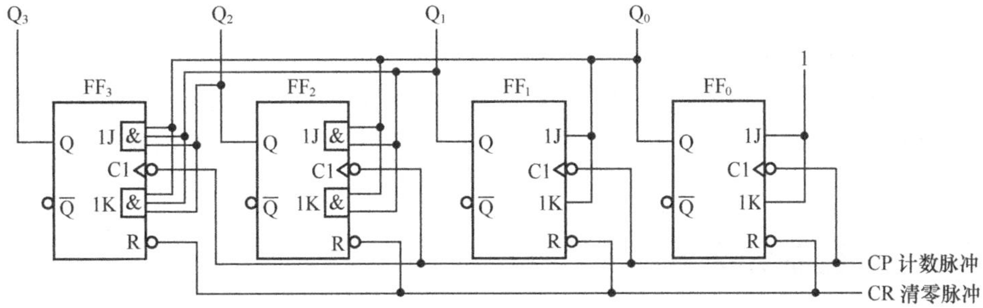

图 5.13 同步 4 位二进制加法计数器的逻辑图

由于该电路的驱动方程规律性较强，只需用“观察法”就可作出其状态表，如表 5.4 所示。

表 5.4 图 5.13 所示同步 4 位二进制加法计数器的状态表

计数脉冲序号	电路状态				等效十进制数
	Q_3	Q_2	Q_1	Q_0	
0	0	0	0	0	0
1	0	0	0	1	1
2	0	0	1	0	2
3	0	0	1	1	3
4	0	1	0	0	4
5	0	1	0	1	5
6	0	1	1	0	6
7	0	1	1	1	7
8	1	0	0	0	8
9	1	0	0	1	9
10	1	0	1	0	10
11	1	0	1	1	11
12	1	1	0	0	12
13	1	1	0	1	13
14	1	1	1	0	14
15	1	1	1	1	15
16	0	0	0	0	0

由于同步计数器的计数脉冲 CP 同时接到各位触发器的时钟脉冲输入端，当计数脉冲到来时，应该翻转的触发器同时翻转，所以速度比异步计数器快，但电路结构较异步计数器复杂。

（2）同步二进制减法计数器

分析同步 4 位二进制减法计数器的翻转规律，很容易看出：只要将图 5.13 所示同步 4 位二进制加法计数器的各触发器驱动方程改为

$$J_0 = K_0 = 1$$
$$J_1 = K_1 = \overline{Q_0}$$
$$J_2 = K_2 = \overline{Q_0}\ \overline{Q_1}$$
$$J_3 = K_3 = \overline{Q_0}\ \overline{Q_1}\ \overline{Q_2}$$

即可构成同步 4 位二进制减法计数器。

（3）同步二进制可逆计数器

既能作加法计数又能作减法计数的计数器称为可逆计数器。将前面介绍的同步 4 位二进制加法计数器和减法计数器合并起来，并引入一个加/减控制信号 X 便构成同步 4 位二进制可逆计数器。

5.3.2 十进制计数器

1. 同步十进制加法计数器

图 5.14 所示是 8421BCD 码同步十进制加法计数器的逻辑图，其逻辑功能分析如下：

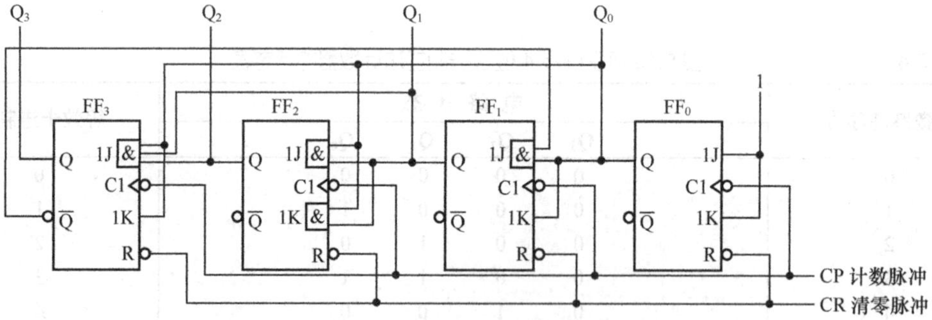

图 5.14　8421BCD 码同步十进制加法计数器的逻辑图

（1）写出各触发器的驱动方程

$$J_0 = 1 \qquad K_0 = 1$$
$$J_1 = \overline{Q_3^n}Q_0^n \qquad K_1 = Q_0^{\,n}$$
$$J_2 = Q_1^{\,n}Q_0^{\,n} \qquad K_2 = Q_1^{\,n}Q_0^{\,n}$$
$$J_3 = Q_2^nQ_1^nQ_0^{\,n} \qquad K_3 = Q_0^{\,n}$$

（2）将各驱动方程代入 JK 触发器的特性方程，得各触发器的次态方程

$$Q_0^{\,n+1} = J_0\overline{Q_0^n} + \overline{K_0}Q_0^n = \overline{Q_0^n}$$
$$Q_1^{\,n+1} = J_1\overline{Q_1^{\,n}} + \overline{K_1}Q_1^n = \overline{Q_3^n}\ \overline{Q_1^n}Q_0^{\,n} + Q_1^n\overline{Q_0^n}$$

$$Q_2^{n+1} = J_2\overline{Q_2^n} + \overline{K_2}Q_2^n = \overline{Q_2^n}Q_1^nQ_0^n + \overline{Q_0^nQ_1^n}Q_2^n$$

$$Q_3^{n+1} = J_3\overline{Q_3^n} + \overline{K_3}Q_3^n = \overline{Q_2^n}Q_1^nQ_3^nQ_0^n + Q_3^n\overline{Q_0^n}$$

（3）状态转换表

设初态为 $Q_3Q_2Q_1Q_0$=0000，代入次态方程进行计算，得状态转换表如表 5.5 所示。

表 5.5　　图 5.14 电路的状态表

计数脉冲序号	现　态				次　态			
	Q_3^n	Q_2^n	Q_1^n	Q_0^n	Q_3^{n+1}	Q_2^{n+1}	Q_1^{n+1}	Q_0^{n+1}
0	0	0	0	0	0	0	0	1
1	0	0	0	1	0	0	1	0
2	0	0	1	0	0	0	1	1
3	0	0	1	1	0	1	0	0
4	0	1	0	0	0	1	0	1
5	0	1	0	1	0	1	1	0
6	0	1	1	0	0	1	1	1
7	0	1	1	1	1	0	0	0
8	1	0	0	0	1	0	0	1
9	1	0	0	1	0	0	0	0

（4）状态转换图

根据表 5.5，可画出该电路的状态转换图，如图 5.15 所示。

（5）时序图

如图 5.16 所示。

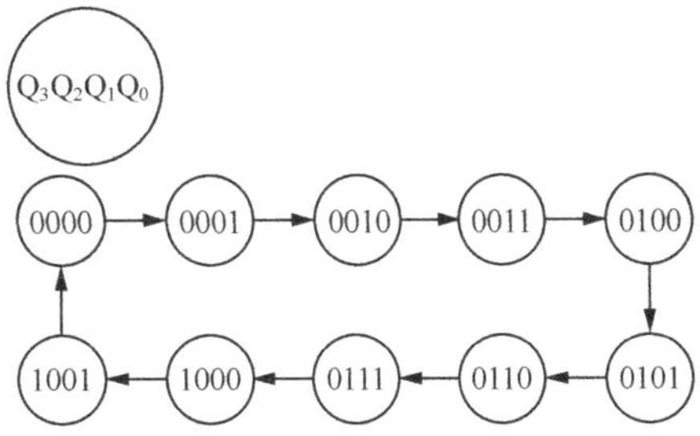

图 5.15　图 5.14 电路的状态图

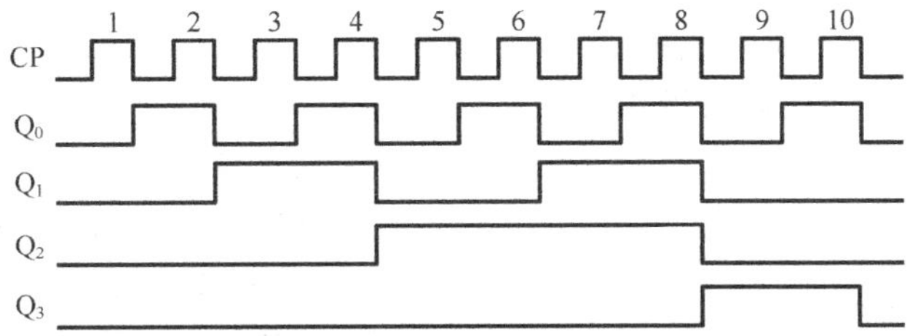

图 5.16　图 5.14 电路的时序图

由状态表、状态转换图或时序图可见，该电路为 8421BCD 码十进制加法计数器。

（6）检查电路能否自启动

由于图 5.14 所示的电路中有 4 个触发器，它们的状态组合共有 16 种，而在 8421BCD 码计数器中只用了 10 种，称为有效状态，其余 6 种状态称为无效状态。在实际工作中，由于某种原因，当计数器进入无效状态时，如果能在时钟信号作用下，最终进入有效状态，我们就称该电路具有自启动能力。

用同样的分析方法分别求出 6 种无效状态下的次态，补充到图 5.15 中，得到完整的状态转换图，如图 5.17 所示。

由图 5.17 可见，图 5.14 所示电路能够自启动。

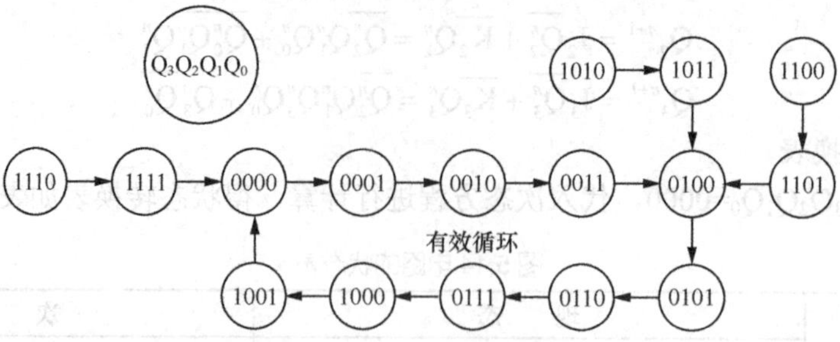

图 5.17　图 5.14 完整的状态图

2．异步十进制加法计数器

图 5.18 所示为由 4 个下降沿触发的 JK 触发器组成的 8421BCD 码异步十进制加法计数器的逻辑图。

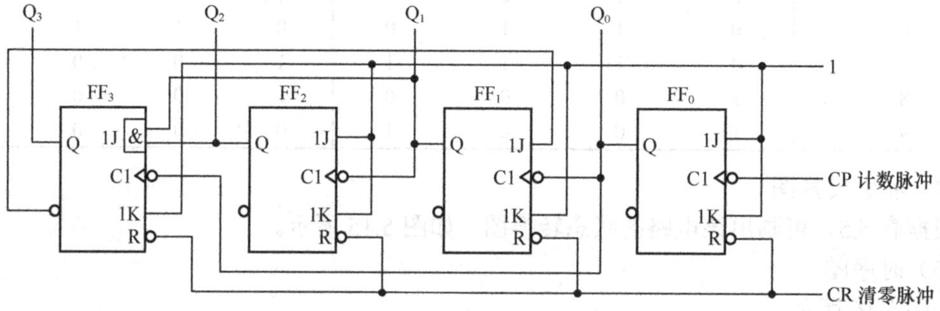

图 5.18　8421BCD 码异步十进制加法计数器的逻辑图

用前面介绍的异步时序逻辑电路的分析方法对该电路进行分析：

（1）写出各逻辑方程式

① 时钟方程

$$CP_0=CP\ (CP=1\to 0)$$
$$CP_1=Q_0\ (Q_0=1\to 0)$$
$$CP_2=Q_1\ (Q_1=1\to 0)$$
$$CP_3=Q_0\ (Q_0=1\to 0)$$

② 触发器的驱动方程

$$J_0=1 \qquad K_0=1$$
$$J_1=\overline{Q_3^n} \qquad K_1=1$$
$$J_2=1 \qquad K_2=1$$
$$J_3=Q_2^nQ_1^n \qquad K_3=1$$

（2）将各驱动方程代入 JK 触发器的特性方程，得各触发器的次态方程

$$Q_0^{n+1}=J_0\overline{Q_0^n}+\overline{K_0}Q_0^n=\overline{Q_0^n} \qquad (CP=1\to 0)$$
$$Q_1^{n+1}=J_1\overline{Q_1^n}+\overline{K_1}Q_1^n=\overline{Q_3^n}\ \overline{Q_1^n} \qquad (Q_0=1\to 0)$$
$$Q_2^{n+1}=J_2\overline{Q_2^n}+\overline{K_2}Q_2^n=\overline{Q_2^n} \qquad (Q_1=1\to 0)$$

$$Q_3^{n+1} = J_3\overline{Q_3^n} + \overline{K_3}Q_3^n = Q_2^nQ_1^n\overline{Q_3^n} \quad (Q_0 = 1 \rightarrow 0)$$

（3）作状态表

8421BCD 码异步十进制加法计数器的逻辑图见表 5.6。

表 5.6　　图 5.18 电路的状态表

计数脉冲序号	现态				次态			
	Q_3^n	Q_2^n	Q_1^n	Q_0^n	Q_3^{n+1}	Q_2^{n+1}	Q_1^{n+1}	Q_0^{n+1}
0	0	0	0	0	0	0	0	1
1	0	0	0	1	0	0	1	0
2	0	0	1	0	0	0	1	1
3	0	0	1	1	0	1	0	0
4	0	1	0	0	0	1	0	1
5	0	1	0	1	0	1	1	0
6	0	1	1	0	0	1	1	1
7	0	1	1	1	1	0	0	0
8	1	0	0	0	1	0	0	1
9	1	0	0	1	0	0	0	0

由上述分析可知：该电路是 8421BCD 码十进制加法计数器。

5.3.3　集成计数器

1．集成二进制计数器

（1）同步 4 位二进制加法计数器 74161（图 5.21（b）所示）

表 5.7　　74161 的功能表

清零	预置	使能		时钟	预置数据输入				输出				工作模式
R_D	L_D	EP	ET	CP	D_3	D_2	D_1	D_0	Q_3	Q_2	Q_1	Q_0	
0	×	×	×	×	×	×	×	×	0	0	0	0	异步清零
1	0	×	×	↑	d_3	d_2	d_1	d_0	d_3	d_2	d_1	d_0	同步置数
1	1	0	×	×	×	×	×	×	保持				数据保持
1	1	×	0	×	×	×	×	×	保持				数据保持
1	1	1	1	↑	×	×	×	×	计数				加法计数

表 5.7 所示为同步 4 位二进制加法计数器 74161 的功能表，由表可知 74161 具有以下功能：

① 异步清零

当 R_D=0 时，不管其他输入端的状态如何，不论有无时钟脉冲 CP，计数器输出将被直接置零，$Q_3Q_2Q_1Q_0$=0000，称为异步清零。

② 同步并行预置数

当 R_D=1，L_D=0 时，在输入时钟脉冲 CP 上升沿的作用下，并行输入端的数据 $d_3d_2d_1d_0$ 被置入计数器的输出端，即 $Q_3Q_2Q_1Q_0=d_3d_2d_1d_0$。由于这个操作要与 CP 上升沿同步，所以称为同步预置数。

③ 计数

当 $R_D=L_D$=EP=ET=1 时，在 CP 端输入计数脉冲，计数器进行二进制加法计数。

④ 保持

当 $R_D=L_D=1$，且 $EP \cdot ET=0$ 时，计数器保持原来的状态不变。这时，如果 EP=0、ET=1，则进位输出信号 RCO 保持不变；如果 ET=0，则不管 EP 状态如何，进位输出信号 RCO 为低电平，如图 5.19 所示。

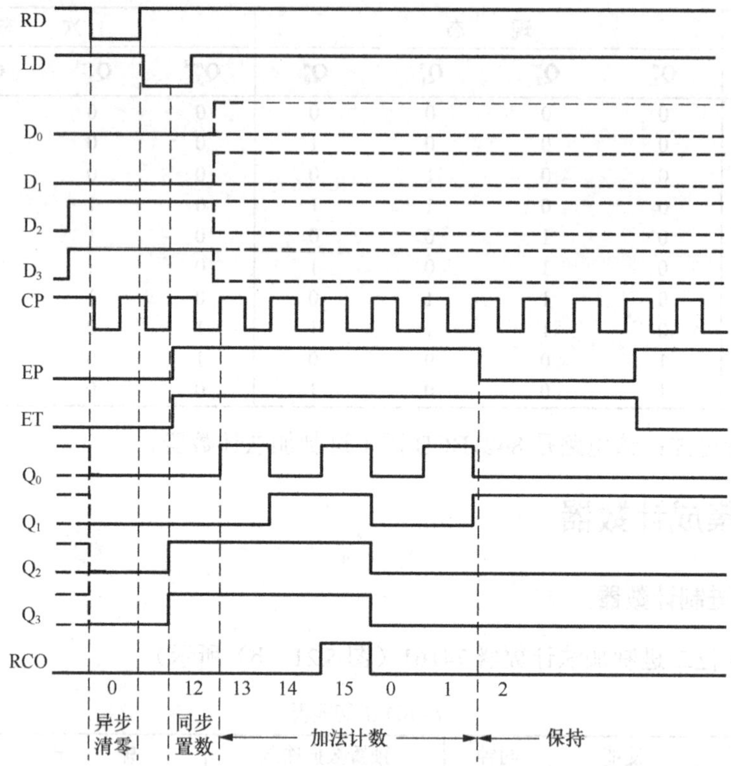

图 5.19　74161 的时序图

（2）同步 4 位二进制可逆计数器 74191

图 5.20 所示是集成同步 4 位二进制可逆计数器 74191 的逻辑功能示意图及其引脚排列图。其中 LD 是异步预置数控制端，D_3、D_2、D_1、D_0 是预置数据输入端；EN 是使能端，低电平有效；$D/\overline{U}$ 是加/减控制端，当 $D/\overline{U}=0$ 时作加法计数，当 $D/\overline{U}=1$ 时作减法计数；MAX/MIN 是最大/最小输出端，RCO 是进位/借位输出端。

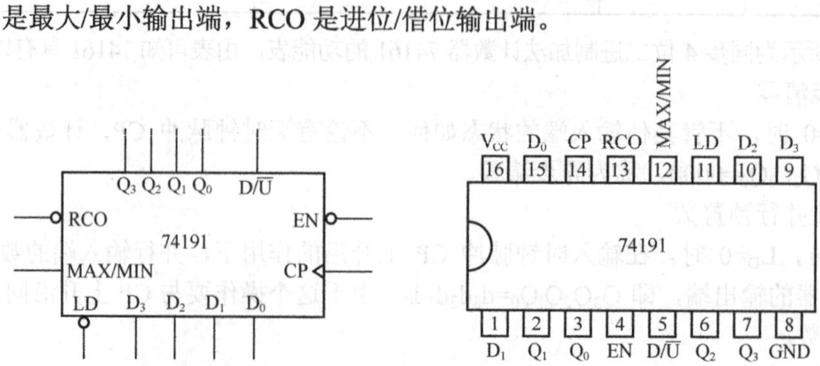

（a）逻辑功能示意图　　（b）引脚图

图 5.20　74191 的逻辑功能示意图及引脚图

表 5.8 所示是 74191 的功能表，由表可知 74191 具有以下功能：

表 5.8　　74191 的功能表

预置	使能	加/减控制	时钟	预置数据输入				输　出				工作模式
LD	EN	$D/\overline{U}$	CP	D_3	D_2	D_1	D_0	Q_3	Q_2	Q_1	Q_0	
0	×	×	×	d_3	d_2	d_1	d_0	d_3	d_2	d_1	d_0	异步置数
1	1	×	×	×	×	×	×	保　持				数据保持
1	0	0	↑	×	×	×	×	加法计数				加法计数
1	0	1	↑	×	×	×	×	减法计数				减法计数

① 异步置数

当 LD=0 时，不管其他输入端的状态如何，不论有无时钟脉冲 CP，并行输入端的数据 $d_3d_2d_1d_0$ 都被直接置入计数器的输出端，即 $Q_3Q_2Q_1Q_0=d_3d_2d_1d_0$。由于该操作不受 CP 控制，所以称为异步置数。

注意：该计数器无清零端，需清零时可用预置数的方法置零。

② 保持

当 LD=1，且 EN=1 时，计数器保持原来的状态不变。

③ 计数

当 LD=1，且 EN=0 时，在 CP 端输入计数脉冲，计数器进行二进制计数；当 $D/\overline{U}=0$ 时作加法计数，当 $D/\overline{U}=1$ 时作减法计数。

2. 集成十进制计数器

（1）8421BCD 码同步十进制加法计数器 74160（图 5.21（a）所示）

同步十进制加法计数器 74160 的功能如表 5.9 所示，各功能的实现同四位二进制加法计数器 74161，其中进位输出端 RCO 的逻辑表达式为

$$RCO = ET \cdot Q_3 \cdot Q_0$$

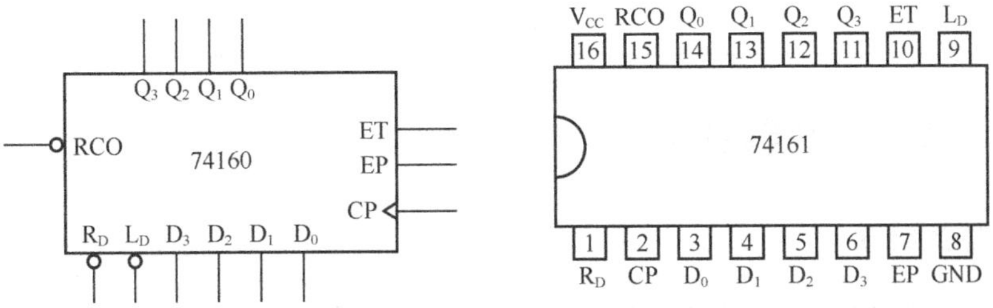

（a）74160 的逻辑图　　　　（b）74161 的逻辑图

图 5.21　74160 与 74161 的逻辑图

表 5.9　　　　74160 的功能表

清零	预置	使能		时钟	预置数据输入				输　出				工 作 模 式
R_D	L_D	EP	ET	CP	D_3	D_2	D_1	D_0	Q_3	Q_2	Q_1	Q_0	
0	×	×	×	×	×	×	×	×	0	0	0	0	异步清零
1	0	×	×	↑	d_3	d_2	d_1	d_0	d_3	d_2	d_1	d_0	同步置数
1	1	0	×	×	×	×	×	×	保　持				数据保持
1	1	×	0	×	×	×	×	×	保　持				数据保持
1	1	1	1	↑	×	×	×	×	十进制计数				加法计数

（2）二-五-十进制异步加法计数器 74290

表 5.10 所示是二-五-十进制异步加法计数器 74290 的功能表，由表可知 74290 具有以下功能：

① 异步清零

当复位输入端 $R_{0(1)}=R_{0(2)}=1$，且置位输入端$S_{9(1)}\cdot S_{9(2)}=0$时，不论有无时钟脉冲 CP，计数器输出将被直接置零。

② 异步置数

当置位输入端 $S_{9(1)}=S_{9(2)}=1$ 时，无论其他输入端状态如何，计数器输出将被直接置 9（即 $Q_3Q_2Q_1Q_0$=1001）。

③ 计数

当$R_{0(1)}\cdot R_{0(2)}=0$，且$S_{9(1)}\cdot S_{9(2)}=0$时，在计数脉冲（下降沿）作用下，进行二-五-十进制加法计数。

表 5.10　　　　74290 的功能表

复 位 输 入		置 位 输 入		时钟	输　出				工 作 模 式
$R_{0(1)}$	$R_{0(2)}$	$S_{9(1)}$	$S_{9(2)}$	CP	Q_3	Q_2	Q_1	Q_0	
1	1	0	×	×	0	0	0	0	异步清零
1	1	×	0	×	0	0	0	0	
×	×	1	1	×	1	0	0	1	异步置数
0	×	0	×	↓	计　数				加法计数
0	×	×	0	↓	计　数				
×	0	0	×	↓	计　数				
×	0	×	0	↓	计　数				

5.3.4　集成计数器的应用

1．计数器的级联

两个模 N 计数器级联，可实现 $N\times N$ 进制计数器。

（1）同步级联

图 5.22 所示是用两片 4 位二进制加法计数器 74161 采用同步级联方式构成的同步 8 位二进制加法计数器，模为 16×16=256。

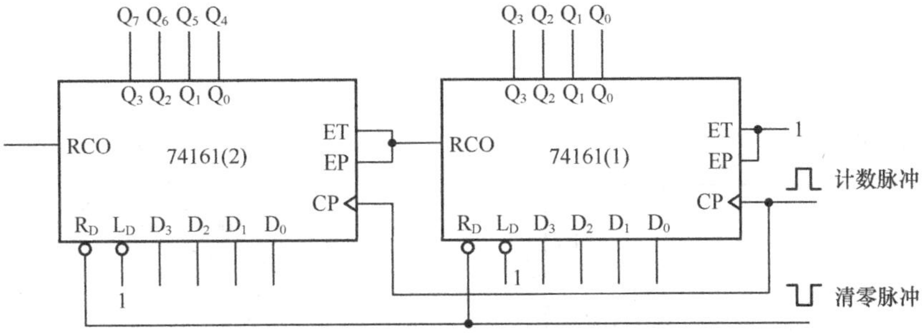

图 5.22　74161 同步级联组成 8 位二进制加法计数器

（2）异步级联

用两片 74191 采用异步级联方式构成的异步 8 位二进制可逆计数器，如图 5.23 所示。

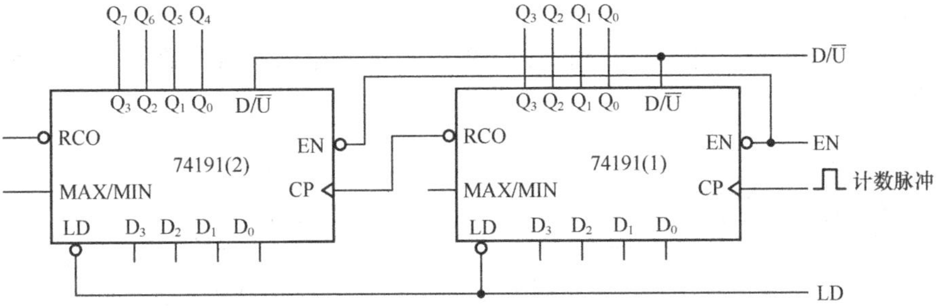

图 5.23　74191 异步级联组成 8 位二进制可逆计数器

有的集成计数器没有进位/借位输出端，这时可根据具体情况，用计数器的输出信号 Q_3、Q_2、Q_1、Q_0 产生一个进位/借位。

用两片二-五-十进制异步加法计数器 74290，采用异步级联方式组成的二位 8421BCD 码十进制加法计数器如图 5.24 所示，模为 10×10=100。

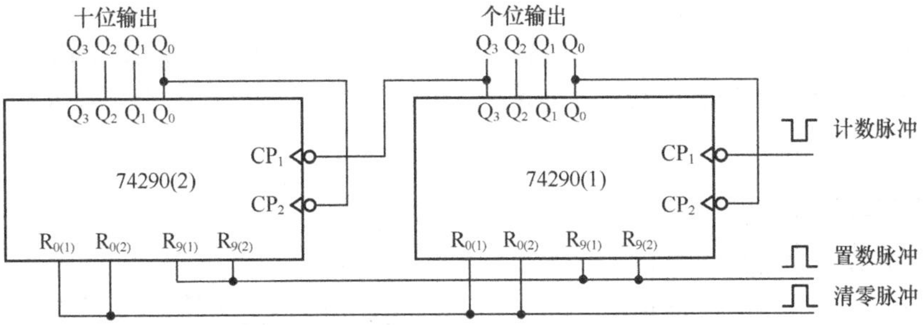

图 5.24　74290 异步级联组成十进制加法计数器

2．组成任意（*N*）进制计数器

市场上能买到的集成计数器一般为二进制计数器和 8421BCD 码十进制计数器，如果需要其他进制的计数器，可用现有的二进制或十进制计数器，利用其清零端或预置数端，外加适当的门电路连接而成。

（1）异步清零法

适用于具有异步清零端的集成计数器。图 5.25 所示是用集成计数器 74161 和与非门组成的六进制计数器。

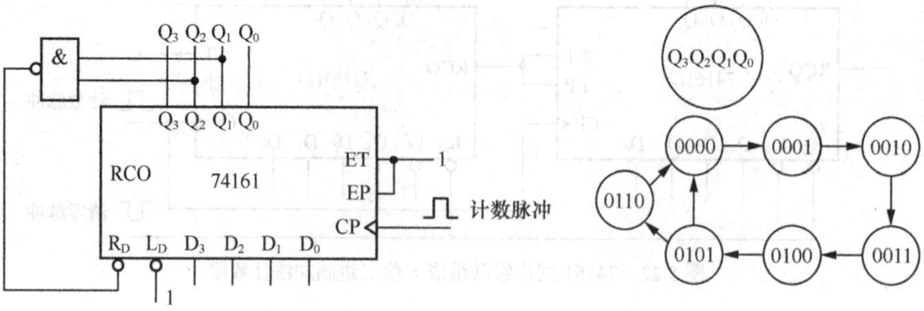

（a）　　　　（b）

图 5.25　异步清零法组成六进制计数器

（2）同步清零法

适用于具有同步清零端的集成计数器。图 5.26 所示是用集成计数器 74163 和与非门组成的六进制计数器。

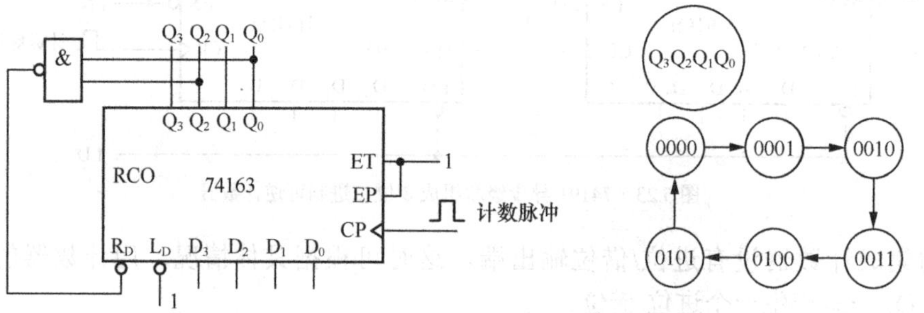

（a）　　　　（b）

图 5.26　同步清零法组成六进制计数器

（3）异步预置数法

适用于具有异步预置端的集成计数器。图 5.27 所示是用集成计数器 74191 和与非门组成的十进制计数器。该电路的有效状态是 0011～1100，共 10 个状态，可作为余 3 码计数器。

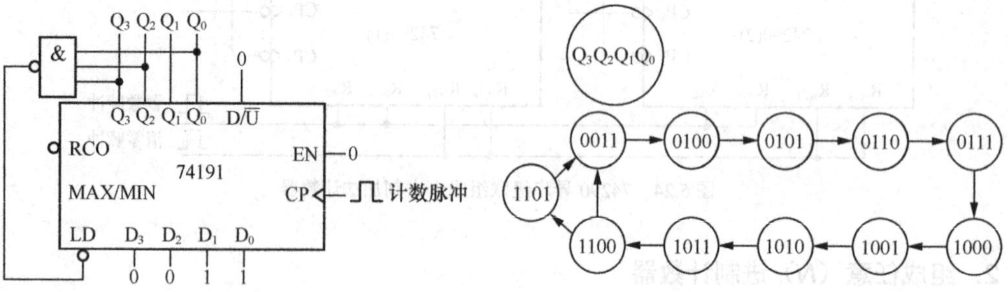

（a）　　　　（b）

图 5.27　异步预置数法组成余 3 码十进制计数器

（4）同步预置数法

适用于具有同步预置端的集成计数器。图 5.28 所示是用集成计数器 74160 和与非门组成的七进制计数器。

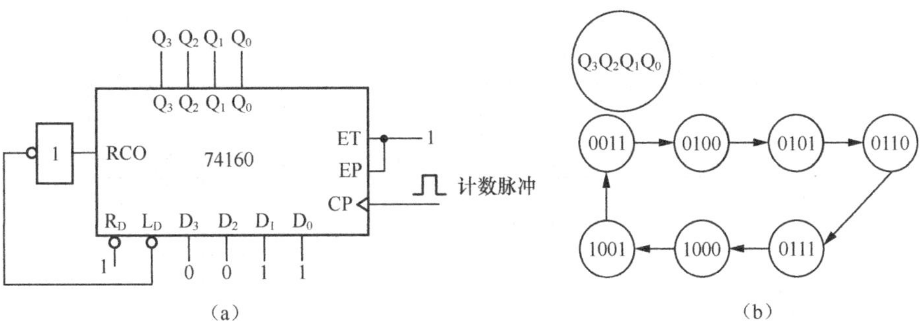

图 5.28　同步预置数法组成的七进制计数器

综上所述，改变集成计数器的模可用清零法，也可用预置数法。不管用哪种方法，都应该先搞清楚所用集成组件的清零端或预置端是异步还是同步工作方式，根据不同的工作方式选择合适的清零信号或预置信号。

例 5.3　用 74160 组成 48 进制计数器。

解：因为 N=48，而 74160 为模 10 计数器，所以要用两片 74160 才能构成此计数器。

先将两芯片采用同步级联方式连接成 100 进制计数器，然后再借助 74160 异步清零功能，在输入第 48 个计数脉冲后，计数器输出状态为 0100 1000 时，高位片（2）的 Q_2 和低位片（1）的 Q_3 同时为 1，使“与非”门输出 0，加到两芯片异步清零端上，使计数器立即返回 0000 0000 状态，状态 0100 1000 仅在极短的瞬间出现，为过渡状态，这样就可以组成 48 进制计数器，其逻辑电路如图 5.29 所示。

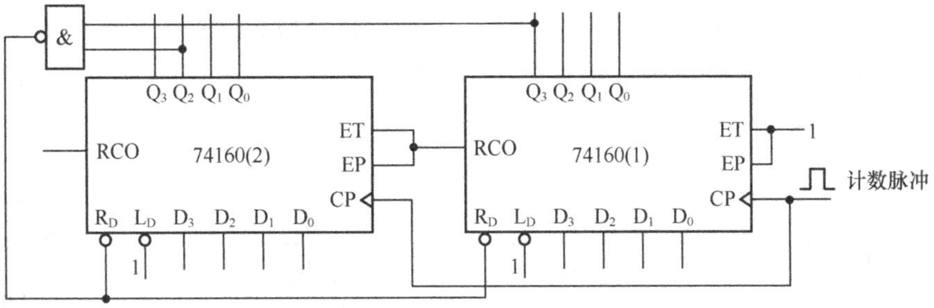

图 5.29　例 5.3 的逻辑电路

5.4　寄存器

5.4.1　数码寄存器

数码寄存器是存储二进制数码的时序逻辑电路组件，它具有接收和寄存二进制数码的逻辑功能。前面介绍的各种集成触发器，就是可以存储一位二进制数的寄存器，用 n 个触发器就可以存储 n 位二进制数。

图 5.30（a）所示是由 D 触发器组成的 4 位集成寄存器 74LS175 的逻辑电路图，其引脚图如图 5.30（b）所示。其中 R_D 是异步清零控制端，D_0～D_3 是并行数据输入端，CP 为时钟脉冲端，Q_0～Q_3 是并行数据输出端，$\overline{Q_0}$ ～ $\overline{Q_3}$ 是 Q_0～Q_3 反码数据输出端。

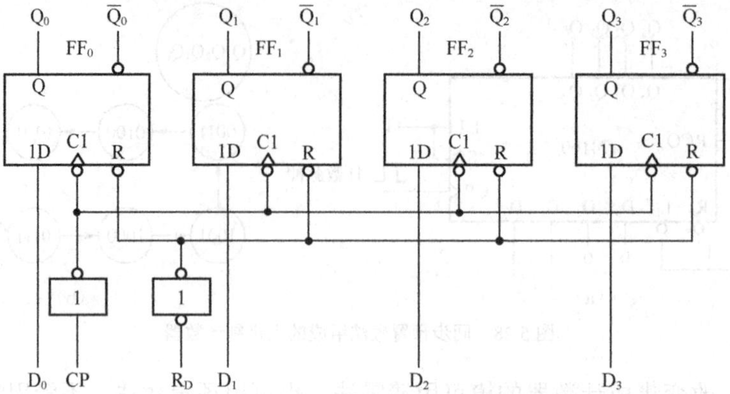

（a）逻辑图

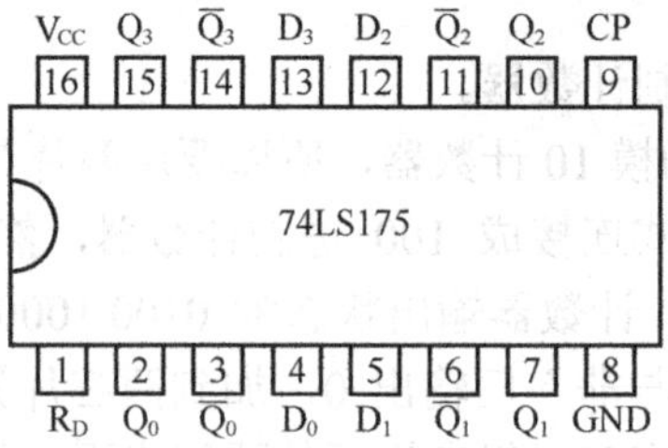

（b）引脚排列

图 5.30　4 位集成寄存器 74LS175

该电路的数码接收过程为：将需要存储的 4 位二进制数码送到数据输入端 D_0～D_3，在 CP 端送一个时钟脉冲，脉冲上升沿作用后，4 位数码并行地出现在 4 个触发器 Q 端，74LS175 的功能如表 5.11 所示。

表 5.11　　74LS175 的功能表

清零	时钟	输	入			输	出			工作模式
R_D	CP	D_0	D_1	D_2	D_3	Q_0	Q_1	Q_2	Q_3	
0	×	×	×	×	×	0	0	0	0	异步清零
1	↑	D_0	D_1	D_2	D_3	D_0	D_1	D_2	D_3	数码寄存
1	1	×	×	×	×	保		持		数据保持
1	0	×	×	×	×	保		持		数据保持

5.4.2　移位寄存器

移位寄存器不但可以寄存数码，而且在移位脉冲作用下，寄存器中的数码可根据需要向左或向右移动。移位寄存器是广泛应用于数字系统和计算机中的基本逻辑部件。

1．单向移位寄存器

（1）4 位右移寄存器

图 5.31 所示是由 D 触发器组成的 4 位右移寄存器，设移位寄存器的初始状态为 0000，串行输入数码 D_I =1101，从高位到低位依次输入。在 4 个移位脉冲作用后，输入的 4 位串行

数码 1101 全部存入寄存器中。表 5.12 所示是 4 位右移寄存器的状态表，时序图如图 5.32 所示。

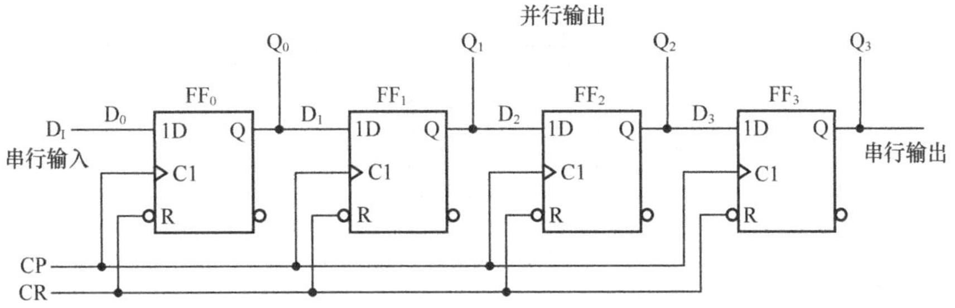

图 5.31　D 触发器组成的 4 位右移寄存器

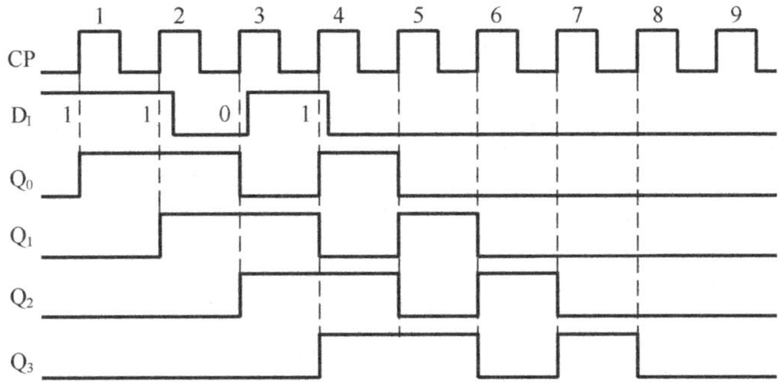

图 5.32　图 5.31 电路的时序图

表 5.12　右移寄存器的状态表

移位脉冲	输入数码	输出			
CP	D_I	Q_0	Q_1	Q_2	Q_3
0		0	0	0	0
1	1	1	0	0	0
2	1	1	1	0	0
3	0	0	1	1	0
4	1	1	0	1	1

移位寄存器中的数码可由 Q_3、Q_2、Q_1 和 Q_0 并行输出，也可从 Q_3 串行输出。串行输出时，要继续输入 4 个移位脉冲，才能将寄存器中存放的 4 位数码 1101 依次输出。图 5.32 中第 5 到第 8 个 CP 脉冲及所对应的 Q_3、Q_2、Q_1、Q_0 波形，就是将 4 位数码 1101 串行输出的过程。所以，移位寄存器具有串行输入-并行输出和串行输入-串行输出两种工作方式。

（2）左移寄存器

图 5.33 所示是由 D 触发器组成的 4 位左移寄存器。

2. 双向移位寄存器

将图 5.31 所示的右移寄存器和图 5.33 所示的左移寄存器组合起来，并引入一控制端 S，便构成既可左移又可右移的双向移位寄存器，如图 5.34 所示。

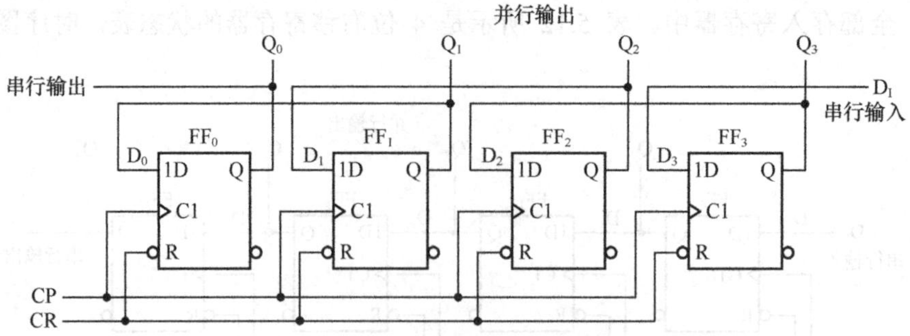

图 5.33　D 触发器组成的 4 位左移寄存器

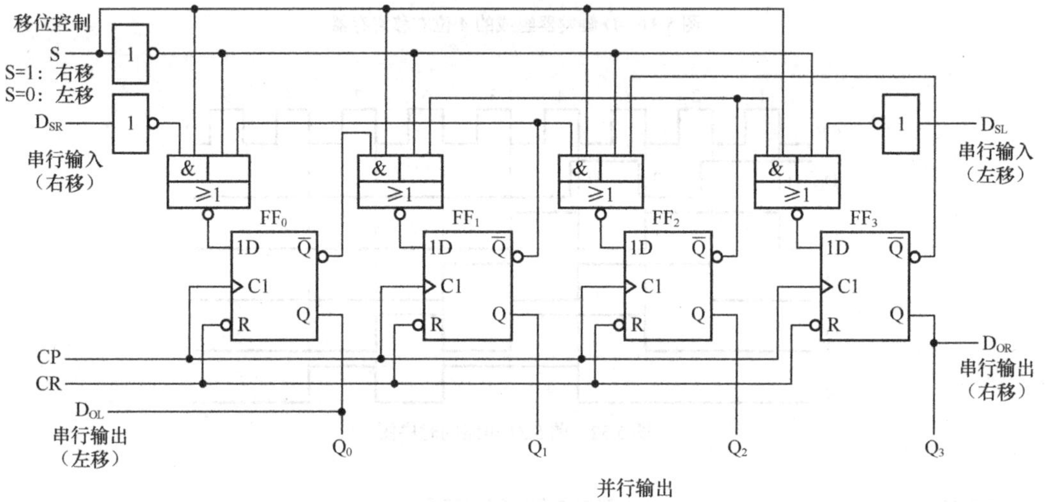

图 5.34　D 触发器组成的 4 位双向移位寄存器

由图 5.34 可知该电路的驱动方程为

$$D_0=\overline{S\overline{D_{SR}}+\overline{S}\,\overline{Q_1}}\qquad D_1=\overline{S\overline{Q_0}+\overline{S}\,\overline{Q_2}}$$

$$D_2=\overline{S\overline{Q_1}+\overline{S}\,\overline{Q_3}}\qquad D_3=\overline{S\overline{Q_2}+\overline{S}\,D_{SL}}$$

D_{SR} 为右移串行输入端，D_{SL} 为左移串行输入端。当 S=1 时，$D_0=D_{SR}$、$D_1=Q_0$、$D_2=Q_1$、$D_3=Q_2$，在 CP 脉冲作用下，实现右移操作；当 S=0 时，$D_0=Q_1$、$D_1=Q_2$、$D_2=Q_3$、$D_3=D_{SL}$，在 CP 脉冲作用下，实现左移操作。

5.4.3　集成移位寄存器 74194

74194 是由 4 个触发器组成的功能很强的四位移位寄存器，其逻辑功能示意图、引脚图如图 5.35 所示，功能如表 5.13 所示。由表 5.13 可以看出 74194 具有异步清零、保持、右移、左移和同步置数功能。

（1）当 R_D=0 时，74194 立刻清零，与其他输入状态及 CP 无关。

（2）当 R_D=1 时，74194 具有如下 4 种工作方式：

① S_1S_0=00 时，不论有无 CP 到来，各触发器状态不变，为保持工作状态；

② S_1S_0=01 时，在 CP 的上升沿作用下，实现右移（上移）操作，流向是 $D_{SR}\to Q_0\to Q_1\to Q_2\to Q_3$；

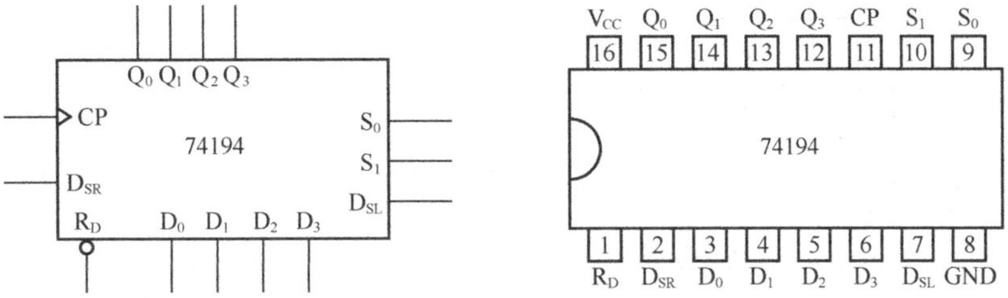

（a）逻辑功能示意图　　　　（b）引脚图

图 5.35 集成移位寄存器 74194

③ S_1S_0=10 时，在 CP 的上升沿作用下，实现左移（下移）操作，流向是 $D_{SL}\rightarrow Q_3\rightarrow Q_2\rightarrow Q_1\rightarrow Q_0$；

④ S_1S_0=11 时，在 CP 的上升沿作用下，实现置数操作：$D_0\rightarrow Q_0$，$D_1\rightarrow Q_1$，$D_2\rightarrow Q_2$，$D_3\rightarrow Q_3$。

表 5.13　　74194 的功能表

输入										输出				工作模式
清零	控制		串行输入		时钟	并行输入								
R_D	S_1	S_0	D_{SL}	D_{SR}	CP	D_0	D_1	D_2	D_3	Q_0	Q_1	Q_2	Q_3	
0	×	×	×	×	×	×	×	×	×	0	0	0	0	异步清零
1	0	0	×	×	×	×	×	×	×	Q_0^n	Q_1^n	Q_2^n	Q_3^n	保　持
1	0	1	×	1	↑	×	×	×	×	1	Q_0^n	Q_1^n	Q_2^n	右移（D_{SR}为串行输入）（Q_3为串行输出）
1	0	1	×	0	↑	×	×	×	×	0	Q_0^n	Q_1^n	Q_2^n	
1	1	0	1	×	↑	×	×	×	×	Q_1^n	Q_2^n	Q_3^n	1	左移（D_{SL}为串行输入）（Q_0为串行输出）
1	1	0	0	×	↑	×	×	×	×	Q_1^n	Q_2^n	Q_3^n	0	
1	1	1	×	×	↑	D_0	D_1	D_2	D_3	D_0	D_1	D_2	D_3	并行置数

D_{SL} 和 D_{SR} 分别是左移和右移串行输入；D_0、D_1、D_2 和 D_3 是并行输入端；Q_0 和 Q_3 分别是左移和右移时的串行输出端，Q_0、Q_1、Q_2 和 Q_3 为并行输出端。

5.4.4 移位寄存器构成的计数器

1. 环形计数器

图 5.36 所示是用 74194 构成的环形计数器的电路图。当正脉冲启动信号 START 到来时，S_1S_0=11，在 CP 作用下执行置数操作，使 $Q_0Q_1Q_2Q_3$=1000。当 START 由 1 变 0 之后，S_1S_0=01，在 CP 作用下移位寄存器进行右移操作。当第 4 个 CP 到来时，由于 $D_{SR}=Q_3$=1，故在此 CP 作用下，$Q_0Q_1Q_2Q_3$=1000。可见该计数器共有 4 个状态，为模 4 计数器。

环形计数器的电路十分简单，N 位移位寄存器可以计 N 个数，实现模 N 计数器，且状态为 1 的输出端序号即代表接收计数脉冲的个数，通常不需要任何译码电路。

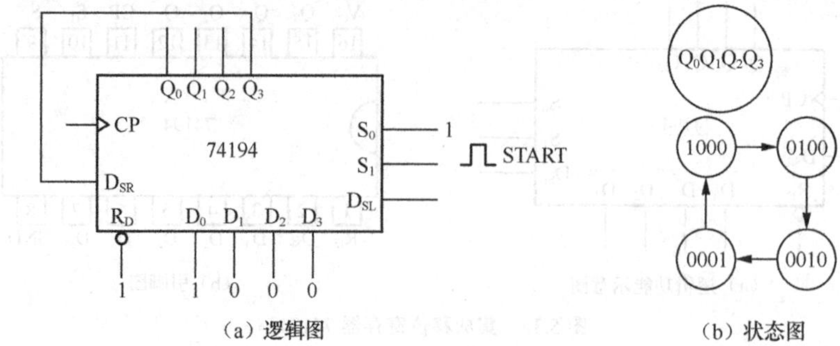

图 5.36　用 74194 构成的环形计数器

2．扭环形计数器

为了增加有效计数状态，扩大计数器的模，将上述右移寄存器 74194 的末级输出 Q_3 反相后，接到串行输入端 D_{SR}，就构成了扭环形计数器，如图 5.37（a）所示。图 5.37（b）所示为电路的输出状态图。该电路有 8 个计数状态，为模 8 计数器。一般来说，N 位移位寄存器可以组成模 $2N$ 的扭环形计数器，只需将末级输出反相后，接到串行输入端即可。

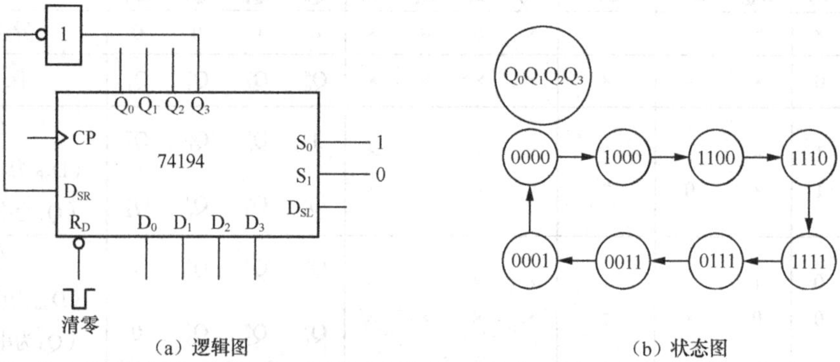

图 5.37　用 74194 构成的扭环形计数器

5.5　抢答器计时电路的设计

一、工作要求

1．设计一个抢答器计时电路，可同时供 4 名选手或 4 个代表队参加比赛，编号为 1、2、3、4，各用一个抢答按钮，分别用 4 个按钮 S0-S3 表示。

2．抢答器具有定时抢答的功能，且一次抢答的时间由主持人设定为 10s，当主持人说比赛开始后，要求定时器开始计时，计数并在显示器上显示。

3．参赛选手在设定的时间内抢答，抢答有效，定时器停止工作，显示器上显示选手的编号和抢答时刻的时间，并保持到主持人将系统清零为止。

二、工作任务

1．熟悉各种集成计数器和寄存器的功能和使用；

2．识别常用集成计数器和寄存器的功能、管脚分布和各引脚功能；

3．能用 74LS161、74LS290 等构成任意进制计数器；

4．熟悉电路仿真软件。

三、信息资料

1.《常用集成电路的管脚图》

2.《集成逻辑门电路的功能、符号和型号》

3．仿真软件

四、引导问题

1．设计的抢答器计时电路的应用场景？

2．制作的抢答器计时电路的功能？

3．需要哪些器件？其功能是什么？如何使用？

4．选择集成块应该注意的问题？

5．制作过程中需要考虑的安全问题及应对的措施？

五、工作计划

序号	工 作 阶 段	材 料 清 单	安 全 事 项	时 间 安 排
1				
2				
3				
4				
5				
6				
…				

六、设计的电路

七、结果分析

1．电路优点

2．电路缺点

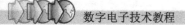

3．应对的方法

项目小结

1．时序逻辑电路的特点：任一时刻输出状态不仅取决于当时的输入信号，还与电路的原状态有关。时序逻辑电路中必须含有存储器件。

2．描述时序逻辑电路逻辑功能的方法有状态表、状态转换图和时序图等。

3．时序逻辑电路的分析步骤一般为：逻辑图→时钟方程（异步）、驱动方程、输出方程→状态方程→状态转换表→状态转换图和时序图→逻辑功能。

4．计数器是一种简单而又常用的时序逻辑器件。计数器不仅能用于统计输入脉冲的个数，还常用于分频、定时、产生节拍脉冲等。

5．用已有集成计数器产品可以构成 N（任意）进制的计数器。

6．寄存器也是一种常用的时序逻辑器件，寄存器分为数码寄存器和移位寄存器两种。

习题五

5-1．试分析题图 5-1 所示的时序逻辑电路的功能。

5-2．试分析题图 5-2 所示的时序逻辑电路的功能。

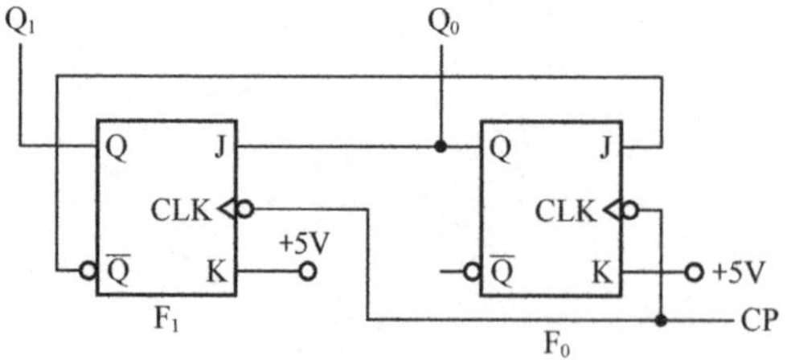

题图 5-1

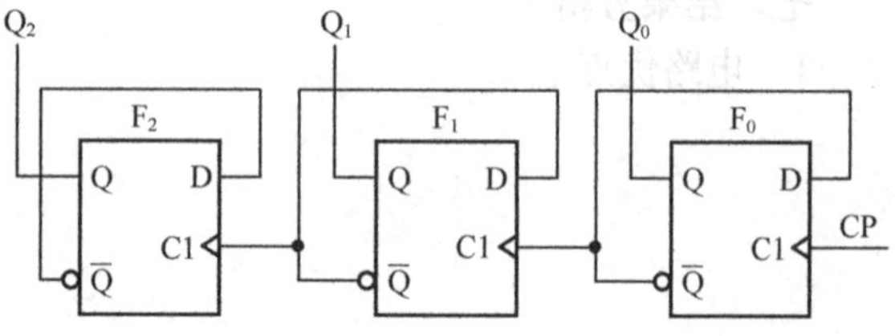

题图 5-2

5-3．试用 74LS90 构成 28 进制计数器（要求用 8421BCD 码）。

5-4．试分析题图 5-3（a）、（b）所示电路，当开关 S 分别置于 1、2…、6 时电路的工作情况，画出 S 置于“6”时的状态转换图。

5-5．试分析题图 5-4 所示电路，当开关 S 分别置于 1、2…、6 时电路的工作情况，画出 S 置于 6 时的时序图。

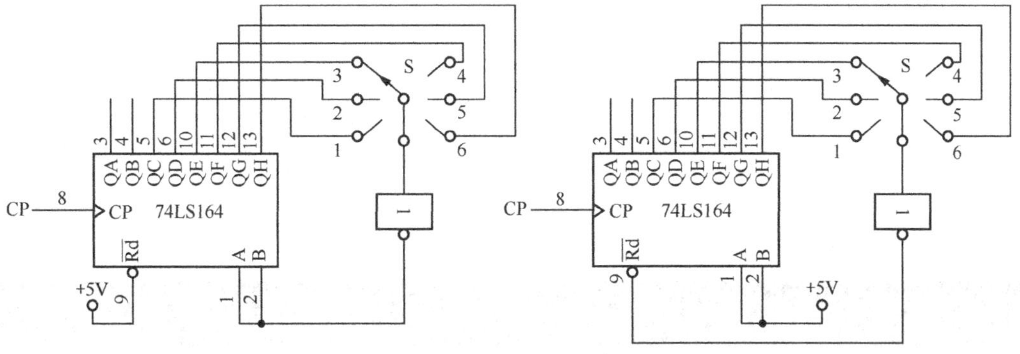

（a）　　　　　　　　　　　　（b）

题图 5-3

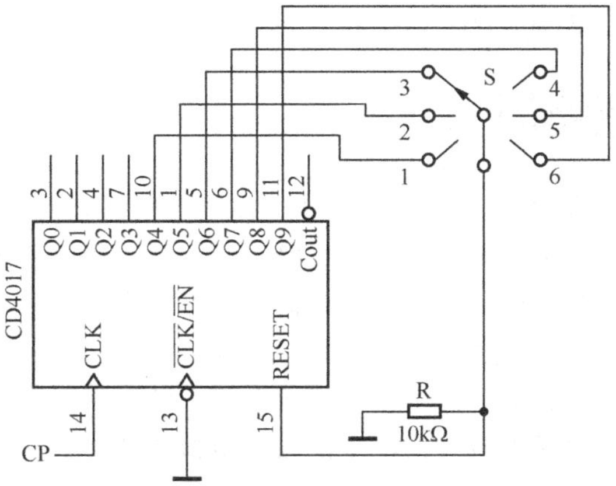

题图 5-4

5-6．试分析题图 5-5 所示（a）、（b）两个电路，画出状态转换图，并说明是几进制计数器。

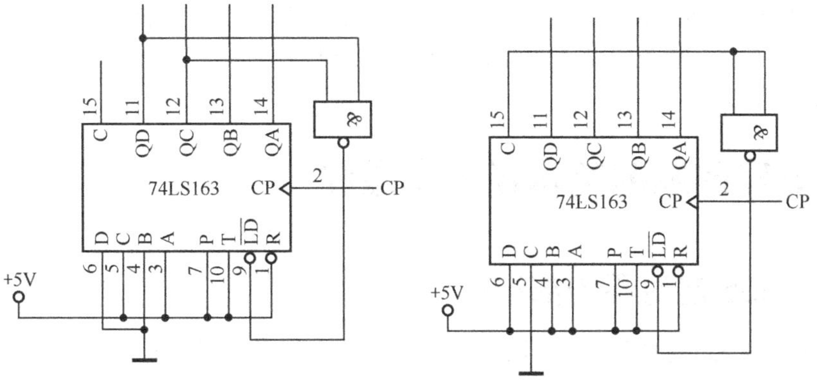

（a）　　　　　　　　　　　　（b）

题图 5-5

5-7．试分别采用“清零法”和“预置数法”，用 74LS161 构成八进制计数器，要求：输出 8421BCD 码。

5-8．试分别采用“清零法”和“预置数法”，用 74LS160 构成八进制计数器，要求：输出 8421BCD 码。

项目 6

555 定时器的应用——抢答器脉冲电路的设计

本项目的任务是熟悉 555 定时器的逻辑功能；掌握 555 定时器的应用。

通过本项目的学习，能够用 555 定时器构成单稳态触发器、施密特触发器和多谐振荡器；能够完成抢答器脉冲电路的设计、安装与调试。

6.1 555 定时器概述

在数字电路中，要控制和协调整个系统的工作，常常需要时钟脉冲（CP）信号，获得这种矩形脉冲的方法：一是利用多谐振荡器直接产生，二是通过整形电路变换得到。多谐振荡器可通过门电路、石英晶体或集成 555 定时器三种方式构成；整形电路可分为施密特触发器或单稳态触发器，它们可以使脉冲的边沿变得陡峭。

555 定时器是一种多用途的单片中规模集成电路。该电路使用灵活、方便，只需外接少量的阻容元件就可以构成单稳态触发器、多谐振荡器和施密特触发器，因而在波形的产生与变换、测量与控制、家用电器和电子玩具等许多领域中都得到了广泛的应用。

目前生产的定时器有双极型和 CMOS 两种类型，双极型定时器具有较大的驱动能力，而 CMOS 定时器具有功耗低、输入阻抗高等优点。

555 定时器工作的电源电压很宽，可承受较大的负载电流，双极型定时器电源电压范围为 5～16V，最大负载电流可达 200mA；CMOS 定时器电源电压变化范围为 3～18V，最大负载电流在 4mA 以下。

6.2 555 定时器的结构及工作原理

6.2.1 555 定时器内部结构

图 6.1 所示为 555 定时器的内部结构图，其主要由下面几部分组成。

1．分压器

分压器由 3 个阻值为 5kΩ 的电阻组成，它为两个电压比较器提供基准电平。当 5 脚悬空时，电压比较器 C_1 的基准电平为 $\frac{2}{3}V_{CC}$，比较器 C_2 的基准电平为 $\frac{1}{3}V_{CC}$。改变 5 脚的接法可改变比较器 C_1、C_2 的基准电平。

2．比较器

比较器 C_1 和 C_2 是两个结构完全相同的高精度电压比较器。比较器有两个输入端，分别标有“+”号和“−”号，如果用 U_+ 和 U_-表示相应输入端上所加的电压，则 $U_+ > U_-$时其输出为高电平，$U_+ < U_-$时输出为低电平，两个输入端基本上不向外电路索取电流，即输入电阻趋近无穷大。

3．基本 RS 触发器

基本 RS 触发器由两个“与非”门组成，它的状态由两个比较器输出控制，根据基本 RS 触发器的工作原理，就可以确定触发器输出端的状态。-

4．放电三极管 VT 及缓冲器 G

放电三极管 VT 构成开关状态，其状态受基本 RS 触发器输出控制。缓冲器 G 的作用是提高定时器的带负载能力和隔离负载对定时器的影响。

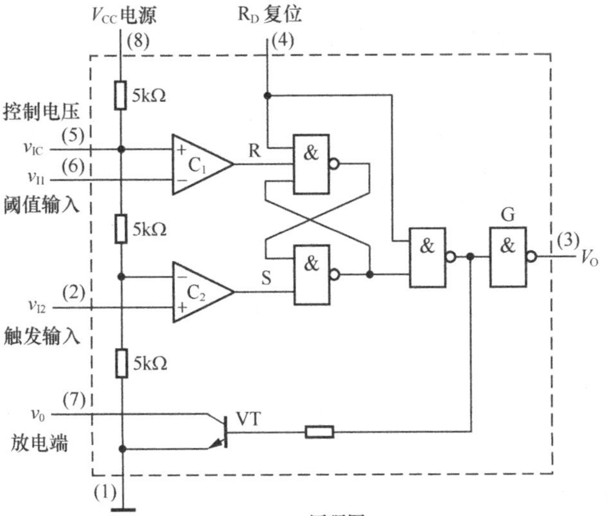

(a) 原理图

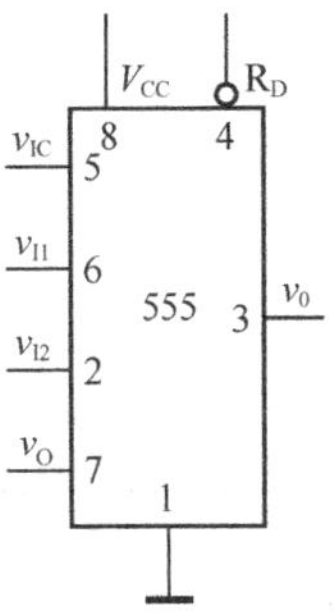

(b) 电路符号

图 6.1　555 定时器的原理图和电路符号

6.2.2　555 定时器的工作原理

由图 6.1 可知，当 5 脚悬空时，比较器 C_1 和 C_2 的比较电压分别为$\frac{2}{3}V_{CC}$和$\frac{1}{3}V_{CC}$。

（1）当 $v_{I1}>\frac{2}{3}V_{CC}$，$v_{I2}>\frac{1}{3}V_{CC}$时，比较器 C_1 输出低电平，C_2 输出高电平，基本 RS 触发器被置 0，放电三极管 VT 导通，输出端 v_O 为低电平。

（2）当 $v_{I1}<\frac{2}{3}V_{CC}$，$v_{I2}<\frac{1}{3}V_{CC}$时，比较器 C_1 输出高电平，C_2 输出低电平，基本 RS 触发器被置 1，放电三极管 VT 截止，输出端 v_O 为高电平。

（3）当 $v_{I1}<\frac{2}{3}V_{CC}$，$v_{I2}>\frac{1}{3}V_{CC}$ 时，比较器 C_1 输出高电平，C_2 也输出高电平，即基本 RS 触发器 R=1，S=1，触发器状态不变，电路亦保持原状态不变。

由于阈值输入端（v_{I1}）为高电平（$>\frac{2}{3}V_{CC}$）时，定时器输出低电平，因此也将该端称为高触发端（TH）。

由于触发输入端（v_{I2}）为低电平（$<\frac{1}{3}V_{CC}$）时，定时器输出高电平，因此也将该端称为低触发端（TL）。

如果在电压控制端（5 脚）施加一个外加电压（其值在 0～V_{CC} 之间），比较器的参考电压将发生变化，电路相应的阈值、触发电平也将随之变化，进而影响电路的工作状态。

另外，R_D 为复位输入端，当 R_D 为低电平时，不管其他输入端的状态如何，输出 v_o 为低电平，即 R_D 的控制级别最高。正常工作时，一般应将其接高电平。

6.2.3 555 定时器的功能

综上所述，我们很容易得到 555 定时器的基本功能，如表 6.1 所示。

表 6.1　　555 定时器的功能表

阈值输入（v_{I1}）	触发输入（v_{I2}）	复位（R_D）	输出（v_O）	放电管 VT
×	×	0	0	导通
$<\frac{2}{3}V_{CC}$	$<\frac{1}{3}V_{CC}$	1	1	截止
$>\frac{2}{3}V_{CC}$	$>\frac{1}{3}V_{CC}$	1	0	导通
$<\frac{2}{3}V_{CC}$	$>\frac{1}{3}V_{CC}$	1	不变	不变

6.3 555 定时器的应用

6.3.1 由 555 定时器构成的施密特触发器

施密特触发器是一种脉冲信号整形电路，有两个稳定的工作状态，它与前面介绍的触发器相比较，有以下不同点：

（1）施密特触发器属于电平触发，缓慢变化的信号也可作触发输入信号，当输入信号达到某一特定的阀值时，输出电平会发生突变，也就是说施密特触发器会从一个稳态翻转到另一个稳态；

（2）对于正向和负向增长的输入信号，电路有不同的阀值电平 V^+ 和 V^-，即引起输出电平突变的输入电平不同。施密特触发器具有如图 6.2 所示的滞后电压传输特性，此特性又称回差电压特性，它能将边沿变化缓慢的电压波形整形为边沿陡峭的矩形脉冲。

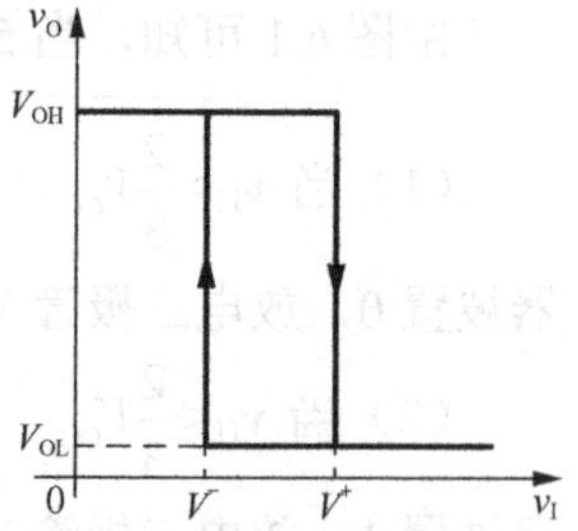

图 6.2　滞后电压传输特性

1. 电路组成及工作原理

按图 6.3（a）连接，可将 555 定时器构成施密特触发器，输出端 v_{O2} 通过电阻 R 连接电源 V_{CC2}，输出高电平可以通过改变 V_{CC2} 进行调节。

（1）当 v_I=0V 时

由于 $v_{I1}=v_{I2}=v_I$=0V，比较器 C_1 输出高电平，C_2 输出低电平，基本 RS 触发器工作在“1”状态，v_{O1} 输出高电平。

（2）当 v_I 上升到 $\frac{2}{3}V_{CC}$ 时

比较器 C_1 输出跳变为低电平，C_2 输出为高电平，基本 RS 触发器由“1”状态翻转为“0”状态，v_{O1} 输出跳变为低电平；当 v_I 由 $\frac{2}{3}V_{CC}$ 继续上升，v_{O1} 保持不变。

（3）当 v_I 下降到 $\frac{1}{3}V_{CC}$ 时

比较器 C_1 输出为高电平，C_2 输出将跳变为低电平，基本 RS 触发器由“0”状态翻转为“1”状态，v_{o1} 输出跳变为高电平；而且在 v_I 继续下降到 0V 时，电路的这种状态不变。

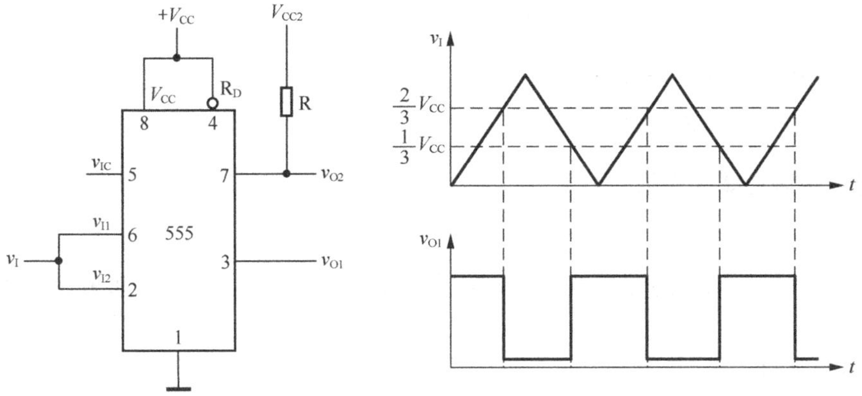

（a）电路图　　（b）波形图

图 6.3　555 定时器构成的施密特触发器

2. 电压滞回特性和主要参数

（1）电压滞回特性

由图 6.3（b）可画出施密特触发器的电压滞回特性曲线，如图 6.4（b）所示。

（2）主要静态参数

① 上限阈值电压 V_{T+}

上限阈值电压 V_{T+}是指输入电压 v_I 上升过程中，输出电压 v_O 由高电平 V_{OH} 跳变到低电平 V_{OL} 时，所对应的输入电压值，由图 6.4（b）可知

$$V_{T+}=\frac{2}{3}V_{CC}$$

② 下限阈值电压 V_{T-}

下限阈值电压 V_{T-}是指输入电压 v_I 下降过程中，输出电压 v_O 由低电平 V_{OL} 跳变到高电平

V_{OH}时，所对应的输入电压值，由图 6.4（b）可知

$$V_{T-}=\frac{1}{3}V_{CC}$$

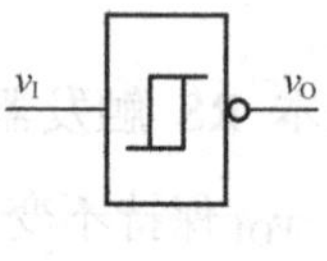

（a）电路符号

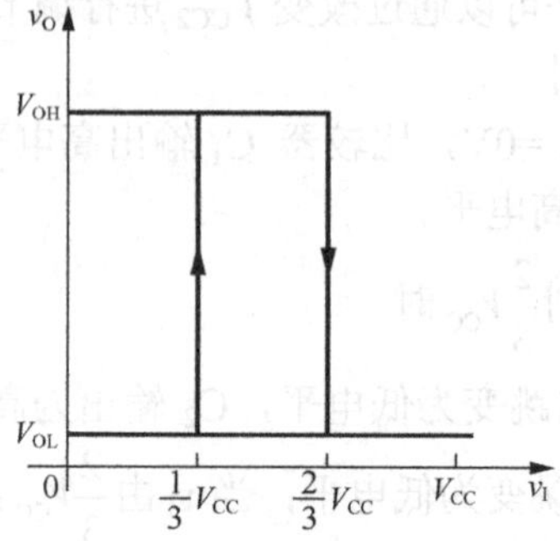

（b）电压传输特性

图 6.4 施密特触发器的电路符号和电压传输特性

③ 回差电压 ΔV_T

回差电压又叫滞回电压，其定义为

$$\Delta V_T=V_{T+}-V_{T-}=\frac{1}{3}V_{CC}$$

若在电压控制端 V_{IC}（5 脚）外加电压 V_S，则 $V_{T+}=V_S$，$V_{T-}=V_S/2$，$\Delta V_T=V_S/2$；当改变 V_S时，它们的值也将随之改变。

3．施密特触发器的应用

（1）波形变换

利用施密特触发器状态转换过程中的回差特性，可将三角波、正弦波和其他不规则信号变成矩形波。

（2）脉冲整形

在数字系统中，矩形脉冲经传输后往往会发生波形畸变，利用施密特触发器的回差特性，可将受干扰的信号整形成较好的矩形波。

（3）幅度鉴别

如果有一串幅度不相等的脉冲信号，我们要剔除其中幅度不够大的脉冲，可利用施密特触发器构成脉冲鉴别器。

6.3.2 由 555 定时器构成的单稳态触发器

单稳态触发器是除施密特触发器外，数字系统中常用的另一类脉冲整形电路，它与施密特触发器相比，具有以下特点：

（1）它有一个稳定状态和一个暂稳状态；

（2）没有触发脉冲的作用，电路始终处于稳定状态，在外加触发脉冲作用下，电路能够由稳定状态翻转到暂稳状态；

（3）暂稳状态维持一段时间后，将自动返回到稳定状态；暂稳态时间的长短，与触发脉冲无关，仅决定于电路本身的参数。

单稳态触发器在数字系统中，一般用于定时（产生一定宽度的脉冲）、整形（把不规则的波形转换成等宽、等幅的脉冲）以及延时（将输入信号延迟一定的时间之后输出）等。

1. 电路组成及工作原理

按图 6.5（a）连接，可将 555 定时器构成单稳态触发器。

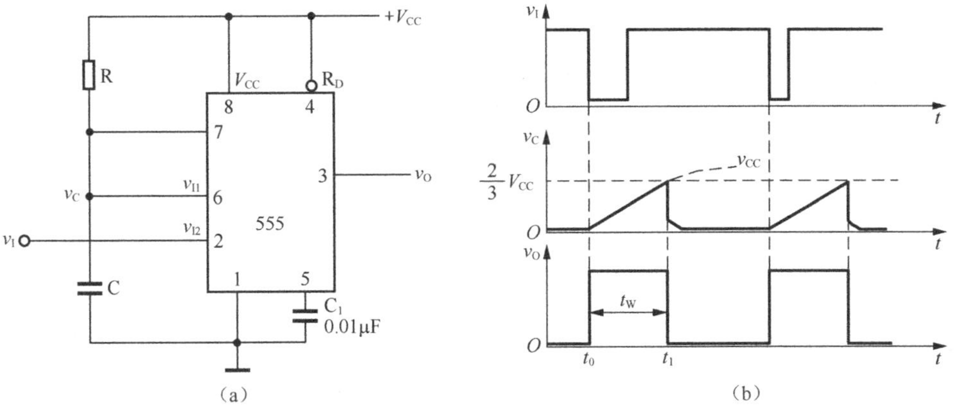

图 6.5　用 555 定时器构成的单稳态触发器及工作波形

（1）无触发信号输入时，电路工作在稳定状态

当电路无触发信号时，v_I 保持高电平，电路工作在稳定状态，此时输出端 v_O 保持低电平，555 定时器内放电三极管 VT 饱和导通，管脚 7“接地”，电容电压 v_C 为 0V。

（2）v_I 下降沿触发

当 v_I 下降沿到达时，555 定时器的触发输入端（2 脚）由高电平跳变为低电平，电路被触发，v_O 由低电平跳变为高电平，电路由稳态转入暂稳态。

（3）暂稳态的维持时间

在暂稳态期间，555 定时器内放电三极管 VT 截止，V_{CC} 经 R 向 C 充电。其充电回路为 V_{CC}→R→C→地，时间常数 $\tau_1=RC$，电容电压 v_C 由 0V 开始增大，在电容电压 v_C 上升到阈值电压 $\frac{2}{3}V_{CC}$ 之前，电路将保持暂稳态不变。

（4）自动返回（暂稳态结束）时间

当 v_C 上升至阈值电压 $\frac{2}{3}V_{CC}$ 时，输出电压 v_O 由高电平跳变为低电平，555 定时器内放电三极管 VT 由截止转为饱和导通，管脚 7“接地”，电容 C 经放电三极管对地迅速放电，电压 v_C 由 $\frac{2}{3}V_{CC}$ 迅速降至 0V（放电三极管的饱和压降），电路由暂稳态重新转入稳态。

（5）恢复过程

当暂稳态结束后，电容 C 通过饱和导通的三极管 VT 放电，时间常数 $\tau_2=R_{CES}C$，式中 R_{CES} 是放电三极管 VT 的饱和导通电阻，其阻值非常小，因此 τ_2 之值亦非常小。经过（3～5）τ_2 后，电容 C 放电完毕，恢复过程结束。

恢复过程结束后，电路返回到稳定状态，单稳态触发器又可以接收新的触发信号。

2. 主要参数估算

（1）输出脉冲宽度 t_W

输出脉冲宽度就是暂稳态维持时间，也就是定时电容的充电时间。由图 6.5（b）所示电容电压 v_C 的工作波形不难看出 $v_C(0^+)\approx 0V$，$v_C(\infty)=V_{CC}$，$v_C(t_W)=\frac{2}{3}V_{CC}$，代入 RC 过渡过程计算公式，可得

$$\begin{aligned} t_W &= \tau_1 \ln\frac{v_C(\infty)-v_C(0^+)}{v_C(\infty)-v_C(t_W)} \\ &= \tau_1 \ln\frac{V_{CC}-0}{V_{CC}-\frac{2}{3}V_{CC}} \\ &= \tau_1 \ln 3 \\ &= 1.1RC \end{aligned}$$

上式说明，单稳态触发器输出脉冲宽度 t_W 仅决定于定时元件 R、C 的取值，与输入触发信号和电源电压无关，调节 R、C 的取值，即可方便地调节 t_W。

（2）恢复时间 t_{re}

一般取 $t_{re}=(3\sim5)\tau_2$，即认为经过 3～5 倍的时间常数，电容就放电完毕。

（3）最高工作频率 f_{max}

若输入触发信号 v_I 是周期为 T 的连续脉冲时，为保证单稳态触发器能够正常工作，应满足下列条件

$$T \geqslant t_W + t_{re}$$

即 v_I 周期的最小值 T_{min} 应为

$$T_{min} = t_W + t_{re}$$

因此，单稳态触发器的最高工作频率应为

$$f_{max} = \frac{1}{T_{min}} = \frac{1}{t_W + t_{re}}$$

需要指出的是，在图 6.5 所示电路中，输入触发信号 v_I 的脉冲宽度（低电平的保持时间），必须小于电路输出 v_O 的脉冲宽度（暂稳态维持时间 t_W），否则电路将不能正常工作。因为当单稳态触发器被触发翻转到暂稳态后，如果 v_I 端的低电平一直保持不变，那么 555 定时器的输出端将一直保持高电平不变。

解决这一问题的一个简单方法，就是在电路的输入端加一个 R_iC_i 微分电路，即当 v_I 为宽脉冲时，让 v_I 经 R_iC_i 微分电路之后再接到 v_{I2} 端，微分电路的电阻 R_i 应接到 V_{CC}，以保证在 v_I 下降沿未到来时，v_{I2} 端为高电平，电路连接如图 6.6 所示。

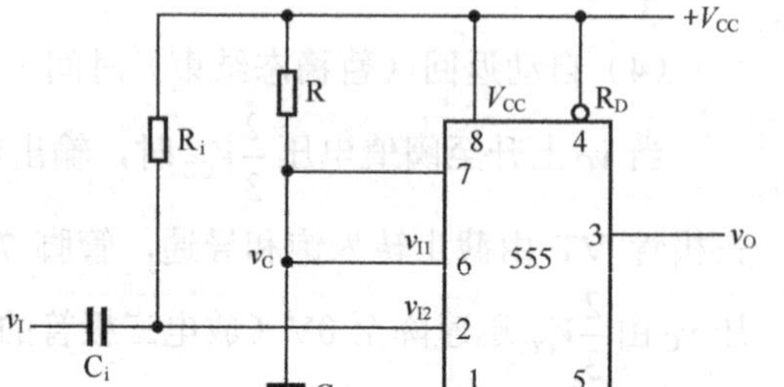

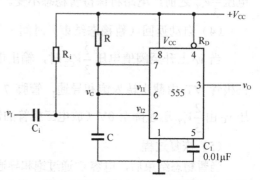

图 6.6 具有微分电路的单稳态触发器

6.3.3　由 555 定时器构成的多谐振荡器

多谐振荡器是能够产生矩形脉冲的自激振荡器。多谐振荡器一旦起振之后，电路没有稳态，只有两个暂稳态，它们做交替变化，输出连续的矩形脉冲信号，因此又称为无稳态电路，常用作脉冲信号源。

1．电路组成及工作原理

按图 6.7（a）连接，可将 555 定时器构成多谐振荡器。

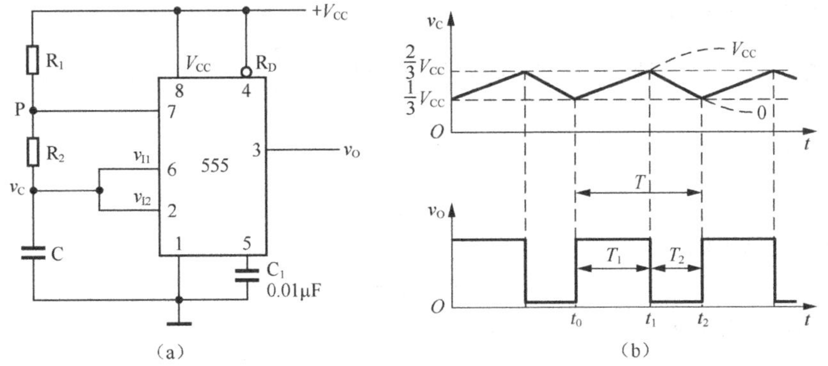

图 6.7　用 555 定时器构成的多谐振荡器及工作波形

（1）暂稳态Ⅰ

假设接通电源前电容 C 无电荷，所以在接通电源瞬间，电容电压 v_C=0V，比较器 C_1 输出高电平，C_2 输出低电平，基本 RS 触发器工作在“1”状态，v_O 输出高电平，555 定时器内放电三极管 VT 截止；V_{CC} 经 R_1、R_2 向 C 充电，其充电回路为 V_{CC}→R_1→R_2→C→地，电容电压 v_C 由 0V 开始增大，在电容电压 v_C 上升到阈值电压 $\frac{2}{3}V_{CC}$ 之前，输出保持 $v_O=v_{OH}$ 不变。

（2）暂稳态Ⅱ

当 v_C 上升到阈值电压 $\frac{2}{3}V_{CC}$ 时，比较器 C_1 输出跳变为低电平，C_2 输出高电平，基本 RS 触发器工作由“1”状态翻转为“0”状态，v_o 输出低电平，放电三极管 VT 饱和导通；此时电容 C 开始放电，放电回路为 C→R_2→VT→地，在电容电压 v_C 下降到阈值电压 $\frac{1}{3}V_{CC}$ 之前，输出保持 $v_O=v_{OL}$ 不变。

当 v_C 下降到阈值电压 $\frac{1}{3}V_{CC}$ 时，比较器 C_1 输出高电平，C_2 输出跳变为低电平，基本 RS 触发器工作由“0”状态翻转为“1”状态，v_o 输出高电平，放电三极管 VT 截止，即暂稳态Ⅰ。

2．振荡频率的估算

（1）电容充电时间 T_1

电容充电时，时间常数 τ_1=（R_1+R_2）C，起始值 $v_C(0^+)=\frac{1}{3}V_{CC}$，终止值 $v_C(\infty)=V_{CC}$，转换值 $v_C(T_1)=\frac{2}{3}V_{CC}$，代入 RC 过渡过程计算公式，可得

$$T_1=\tau_1\ln\frac{v_C(\infty)-v_C(0^+)}{v_C(\infty)-v_C(T_1)}$$

$$=\tau_1\ln\frac{V_{CC}-\frac{1}{3}V_{CC}}{V_{CC}-\frac{2}{3}V_{CC}}$$

$$=\tau_1\ln 2$$

$$=0.7(R_1+R_2)C$$

（2）电容放电时间 T_2

电容放电时，时间常数 $\tau_2=R_2C$，起始值 v_C（0^+）$=\frac{2}{3}V_{CC}$，终止值 v_C（∞）=0，转换值 v_C（T_2）$=\frac{1}{3}V_{CC}$，代入 RC 过渡过程计算公式，得

$$T_2=0.7R_2C$$

（3）电路振荡周期 T

$$T=T_1+T_2=0.7(R_1+2R_2)C$$

（4）电路振荡频率 f

$$f=\frac{1}{T}\approx\frac{1.43}{(R_1+2R_2)C}$$

（5）输出波形占空比 q

脉冲宽度 T_1 与脉冲周期 T 之比，称为占空比，即

$$q=\frac{T_1}{T}=\frac{0.7(R_1+R_2)C}{0.7(R_1+2R_2)C}=\frac{R_1+R_2}{R_1+2R_2}$$

3．占空比可调的多谐振荡电路

在图 6.7（a）所示电路中，由于电容 C 的充电时间常数 $\tau_1=$（R_1+R_2）C，放电时间常数 $\tau_2=R_2C$，所以 T_1 总是大于 T_2，v_O 的波形不仅不可能对称，而且占空比 q 不易调节。利用半导体二极管的单向导电特性，把电容 C 的充电和放电回路隔离开来，再加上一个电位器，便可构成占空比可调的多谐振荡器，如图 6.8 所示。

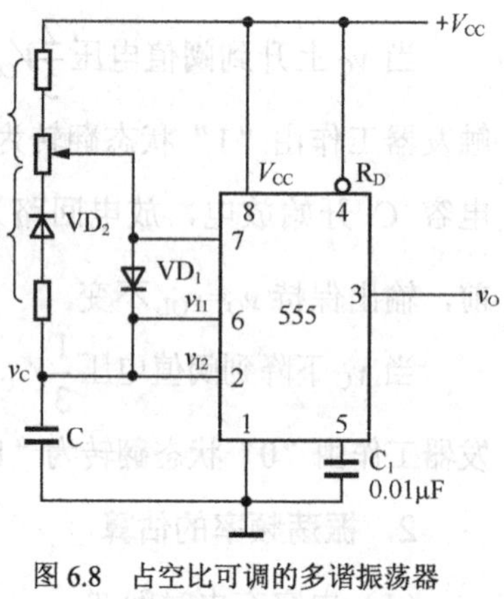

图 6.8　占空比可调的多谐振荡器

由于二极管的引导作用，电容 C 的充电时间常数 $\tau_1=R_1C$，放电时间常数 $\tau_2=R_2C$。通过相同的分析计算，可得

$$T_1=0.7R_1C$$
$$T_2=0.7R_2C$$

占空比

$$q=\frac{T_1}{T}=\frac{T_1}{T_1+T_2}=\frac{0.7R_1C}{0.7R_1C+0.7R_2C}=\frac{R_1}{R_1+R_2}$$

只要改变电位器滑动端的位置，就可以方便地调节占空比 q，当 $R_1=R_2$ 时，$q=0.5$，v_O

就成为对称的矩形波（方波）。

6.3.4　555 定时器的其他应用电路

1. 压控振荡器

压控振荡器的电路如图 6.9 所示，其功能是将控制电压转换为对应频率的矩形波。

将图 6.9 所示的压控振荡器与图 6.8 所示的多谐振荡器相比较，可以看出两者的主要区别在于 555 定时器的外部控制端 v_{IC}（5 脚）接法不同。

压控振荡器的工作原理与多谐振荡器相同，设通过 R_P 分压经 5 脚输入的电压 $v_{IC}=V_S$，则电容 C 在电压 V_S 与 $V_S/2$ 之间进行充放电，其输入、输出波形如图 6.10 所示。

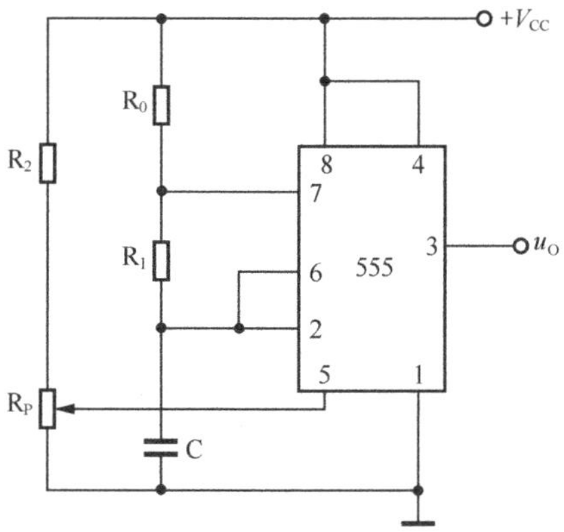

图 6.9　压控振荡器

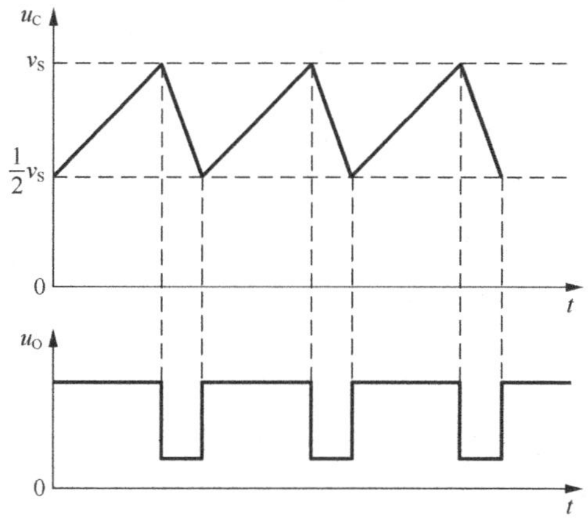

图 6.10　压控振荡器的输入输出波形

V_S 是压控振荡器的控制电压，调节 R_P 可改变输入控制电压 V_S 的具体数值，电容的充放电时间将随之改变，输出波形的周期也将会改变，从而实现电压转换为对应频率的矩形波，即输入电压控制输出信号的频率。

2. 光敏发生器

光敏发生器的原理图如图 6.11 所示。

该电路可以在不同光照条件下，发出忽高忽低、变幻莫测的鸣叫声，非常有趣。图中 555 定时器和 R_1、RG_1、C_1 等组成多谐振荡器；光敏电阻 R_{G1} 具有光致导电特性，阻值会随照射光的强度而变化，光照强时阻值小，光照弱时阻值大。利用光敏电阻的这一特性，可以改变振荡器的充、放电的时间常数，从而改变多谐振荡器的频率，即

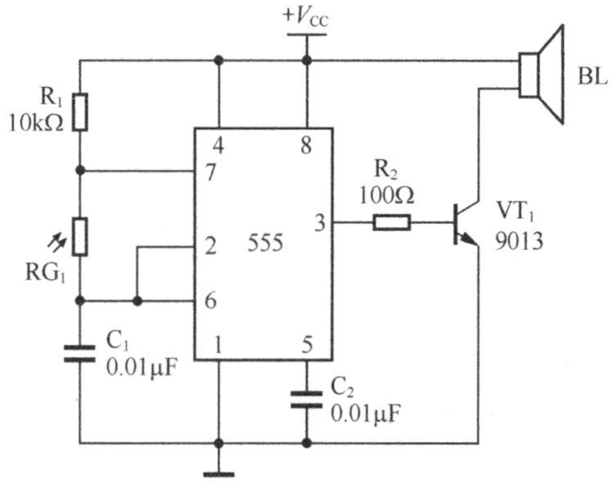

图 6.11　光敏发生器原理图

$$f=1.44/(R_1+2R_{G1})C_1$$

555 定时器输出的可变频率信号经过 R_2 限流后，驱动三极管 VT_1 带动扬声器发出多变的鸣叫声。

电路接通后，如果手拿实验板移动，扬声器会随着移动时光照强度的变化，发出多变的鸣叫；如果将电路放置在电视机屏幕前，则扬声器会随着显示图象的变化发出变换无穷的声音。

6.4 抢答器脉冲电路的设计

一、工作要求

设计一个抢答器脉冲电路，可供抢答器计时使用。

二、工作任务

1．熟悉 555 定时器的功能和使用；

2．能够用 555 定时器构成单稳态触发器、施密特触发器和多谐振荡器；

3．熟悉电路仿真软件。

三、信息资料

1．《常用集成电路的管脚图》

2．《集成逻辑门电路的功能、符号和型号》

3．仿真软件

四、引导问题

1．设计的抢答器脉冲电路的应用场景？

2．制作的抢答器脉冲电路的功能？

3．需要哪些器件？其功能是什么？如何使用？

4．选择集成块应该注意的问题？

5．制作过程中需要考虑的安全问题及应对的措施？

五、工作计划

序号	工作阶段	材料清单	安全事项	时间安排
1				
2				
3				
4				
5				
6				
…				

六、设计的电路

七、结果分析

1．电路优点

2．电路缺点

3．应对的方法

项目小结

555 定时器是一种用途很广的集成电路，除了能组成施密特触发器、单稳态触发器和多谐振荡器以外，还可以接成各种灵活多变的应用电路。

习题六

6-1．555 定时器由哪几部分组成？各部分的功能是什么？

6-2．由 555 定时器组成的施密特触发器具有回差特性，回差电压$\triangle U_T$的大小对电路有何影响，怎样调节？当 V_{CC}=12V 时，U_{T+}、U_{T-}、$\triangle U_T$各为多少？当控制端 v_{IC} 外接 8V 电压时，U_{T+}、U_{T-}、$\triangle U_T$各为多少？

6-3．电路如题图 6-1（a）所示，若输入信号 u_I 如题图 6-1（b）所示，请画出 u_O 的波形。

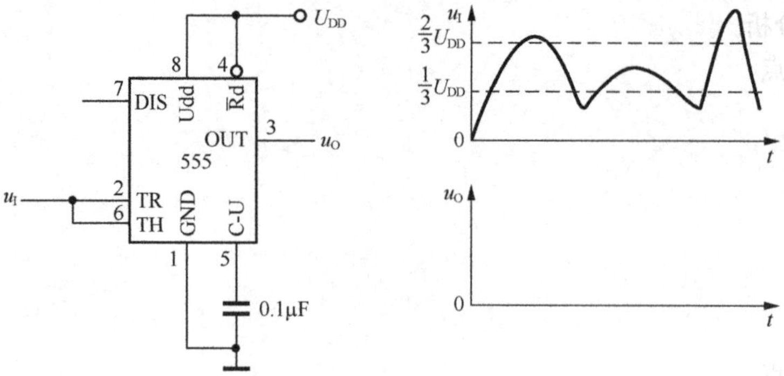

（a）电路　　　　（b）波形

题图 6-1

6-4．由 555 定时器构成的多谐信号发生器见题图 6-2 所示，若 V_{CC}=9V、R_1=10kΩ、R_2=2kΩ、C=0.3μF，计算电路的振荡频率及占空比。

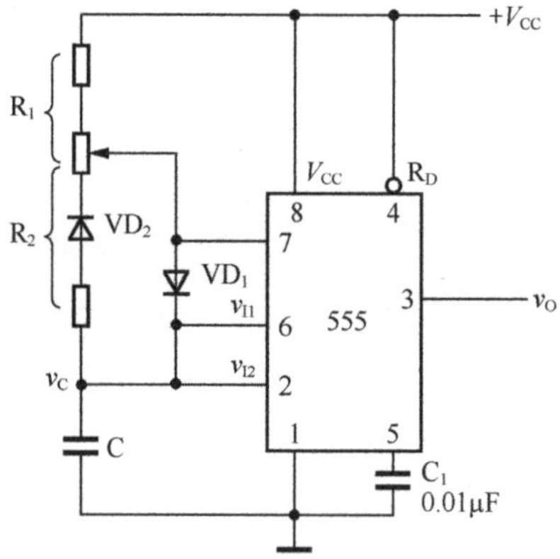

题图 6-2

6-5．如要改变由 555 定时器组成的单稳态触发器的脉宽，可采取哪些方法？

6-6．由 555 定时器构成的单稳态触发器如题图 6-3（a）所示，若 V_{CC}=12V、R=10kΩ、C=0.1μF，试求脉冲宽度 t_W 为多少。

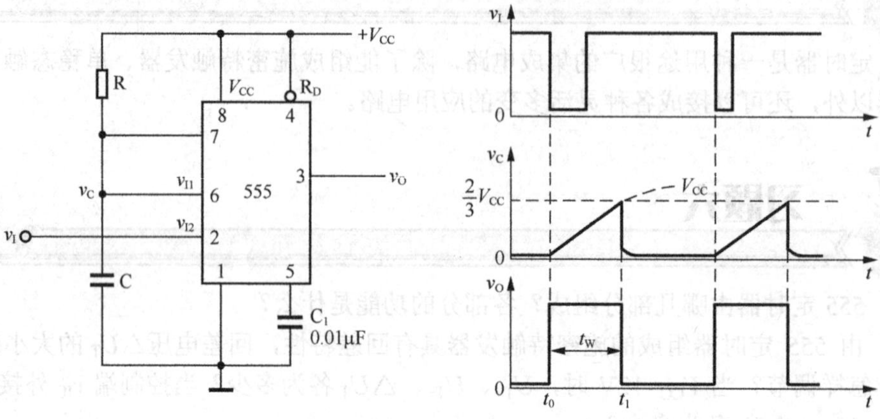

（a）　　　　（b）

题图 6-3

6-7．如题图 6-4 所示，这是一个可根据周围光线强弱自动控制 VD 亮、灭的电路，其中 VT 是光敏三极管，有光照时导通，具有较大的集电极电流，光暗时截止，试分析电路的工作原理。

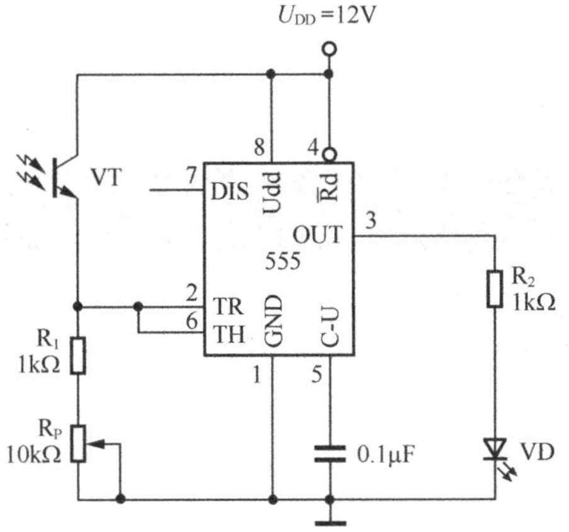

题图 6-4

6-8．如题图 6-5 所示，电路工作时能够发出“呜…呜”间歇声响，试分析电路的工作原理。若 R_{1A}=100kΩ，R_{2A}=390kΩ，C_A=10μF，R_{1B}=100kΩ，R_{2B}=620kΩ，C_B=1000pF，则 f_A、f_B 分别为多少？

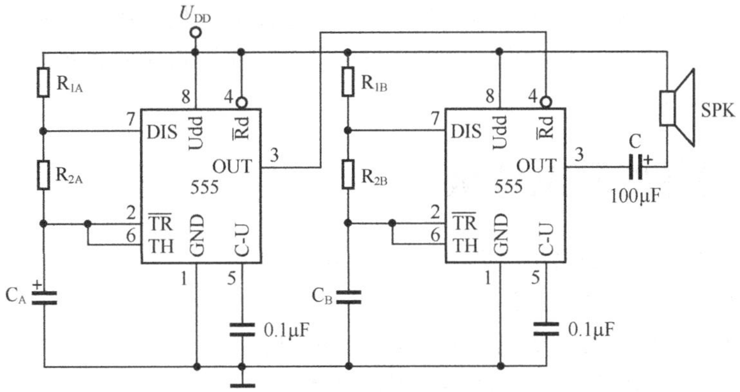

题图 6-5

项目 7

课程设计——智能抢答器的设计与制作

本项目的任务是通过设计和搭建一个实用电子产品雏形，来巩固和深化数字电子技术的基础理论和基本技能，培养学生的综合应用能力和创新能力。

通过本项目的学习，设计出符合任务要求的电路，掌握通用电子电路的一般设计方法和步骤，训练并提高学生在文献检索、资料利用、方案比较和元器件选择等方面的综合能力。

7.1 课程设计的目的

1．能够全面巩固和应用数字电子技术所学的基本理论和基本方法，掌握小型数字系统设计的基本方法；

2．能合理、灵活地应用各种集成电路器件实现规定的数字系统；

3．培养独立思考、独立准备资料、独立设计规定功能的数字系统的能力；

4．培养独立进行实验，包括电路布局、安装、调试和排除故障的能力；

5．培养书写综合设计报告的能力。

7.2 课程设计的基本要求

1．根据设计任务，从选择设计方案开始，进行电路设计；

2．选择合适的器件，画出设计电路图；

3．通过安装、调试，直至实现任务要求的全部功能；

4．对电路要求布局合理、走线清晰、工作可靠；

5．经验收合格后，写出完整的课程设计报告。

7.3 课程设计的具体步骤

课程设计一般包括以下几个方面：

（1）分析设计任务和性能指标，选择总体方案；

（2）设计单元电路，选择器件，计算参数；

（3）画总体电路图；

（4）仿真试验和性能测试。

7.3.1　总体方案选择

设计电路的第一步就是选择总体方案，根据任务要求和性能指标，用具有一定功能的单元电路组成一个整体，实现设计任务所提出的各项要求和技术指标。

在设计过程中，往往有多种方案可以选择，应针对任务要求，查阅资料，权衡各方案的优缺点，从中选择最佳方案。

7.3.2　单元电路的设计

1. 设计单元电路的一般步骤

（1）根据设计要求和选定的总体方案原理图，确定对各单元电路的设计要求，必要时应详细拟定主要单元电路的性能指标；

（2）拟定出各单元电路的要求，设计出符合设计要求的单元电路；

（3）各单元电路的设计应采用合适的电平标准。

2. 元器件的选择

数字电路的课程设计，在搭建特定功能的单元电路时，其选择的空间较小，例如时钟电路选择 555，转换电路选择 0809，译码及显示驱动电路也相对固定，但需要通过确定参数来选择集成块型号。集成门电路、存储电路、组合逻辑电路、时序逻辑电路和脉冲产生电路等电路参数选择恰当可以发挥其性能并节约设计成本。

一个电路设计，单用数字集成电路是远远不够的，往往需要一些阻容元件、半导体器件、线性电路元件和集成块，因此需要熟悉相关器件的功能、特性和用法，例如运算放大器、集成比较器和集成稳压电路的电平标准和电流特性的选择。

3. 单元电路调整与连接

数字电路设计是以逻辑关系为主体的，各单元电路的输入、输出逻辑关系以及它们之间的正确传递决定了设计内容的成败，因此要求每一个单元电路都必须经过调整，以确保单元电路的正确性；各单元电路之间的匹配连接是电路设计的最后步骤，也是整个设计成功的关键一步，包含电平匹配和驱动电流匹配两个方面。

7.3.3　电路的安装与调试

数字电路设计完成之后，一个重要的步骤是安装与调试，其目的是检验和修改设计内容，使设计电路能满足设计任务和性能指标，具有系统要求的可靠性、稳定性和抗干扰能力。这是课程设计的实践过程，也是理论知识和实践技能综合应用的重要环节。

7.3.4　衡量设计的标准

衡量数字电路设计的标准一般包括以下几个方面：

（1）工作稳定可靠，能达到预定的性能指标，并留有适当的余量；

（2）电路简单，成本低，功耗低；

（3）器件数目少，集成体积小，便于生产和维护。

7.4 智能抢答器的设计与制作

7.4.1 简述

智力竞赛是一种生动活泼的教育形式和方法，通过抢答和必答两种方式能引起参赛者和观众的极大兴趣，并且能在极短的时间内，使人们增加一些科学知识和生活知识。

实际进行智力竞赛时，一般分为若干组，主持人对各组提出的问题分必答和抢答两种，必答有时间限制，到时要告警，回答问题正确与否，由主持人判别加分还是减分，成绩评定结果要用电子装置显示；抢答时，要判定哪组优先，并予以指示和鸣叫。

7.4.2 设计任务和要求

用 TTL 或 CMOS 集成电路设计智力竞赛抢答逻辑控制电路，具体要求如下。

1. 抢答组数为 4 组

输入抢答信号的控制电路应由无抖动开关来实现。

2. 判别选组电路

能迅速、准确地判别抢答者，同时能排除其他组的干扰信号，闭锁其他各组输入开关的作用。

3. 计数、显示电路

每组有二位十进制计分显示电路，能进行加/减计分。

4. 定时及音响

（1）必答时，启动定时灯亮，以示开始，当时间到时发出单音调“嘟”声，并熄灭指示灯；

（2）抢答时，当抢答开始后，指示灯闪亮；当有某组抢答时，指示灯灭，最先抢答的一组灯亮，并发出音响。

5. 主持人应有复位按钮

抢答和必答定时应有手动控制。

7.4.3 设计方案提示

抢答器主要由开关阵列电路、触发锁存电路、编码器、显示译码电路、定时器和解锁电路等几部分组成。

1. 开关阵列电路

该电路可由多路开关组成，每一竞赛者与一组开关相对应，开关应为常开型，当按下开关时，开关闭合；当松开开关时，开关自动弹出断开。复位和抢答开关需输入防抖电路，可采用 RS 触发器电路来完成。

2. 触发锁存电路

当某一开关首先按下时，触发锁存电路被触发，在输出端产生相应的开关电平信息，为防止其他开关随后触发而产生紊乱，最先产生的输出电平信息需反过来将触发电路锁定；若有多个开关同时按下时，则在它们之间存在着随机竞争的问题，结果可能是它们中的任一个产生有效输出。判别选组的实现方法可以用触发器和组合电路完成，也可用一些特殊器件组成，例如用 MC14599 或 CD4099 八路寻址输出锁存器来实现。

3. 编码器

编码器的作用是将某一开关信息转化为相应的 8421BCD 码，以提供数字显示电路所需要的编码输入。74LS148 为优先（高位优先）编码器，当任意输入为低电平时，输出为相应输入编号的 8421 BCD 码的反码。

4. 显示译码电路

编码器实现了对开关信号的编码并以 BCD 码的形式输出，为了将编码显示出来，需用显示译码电路将计数器的输出数码转换为数码显示器件所需要的逻辑电平，显示译码电路可用 7 段显示译码驱动器 74LS48。

5. 定时电路

当有开关启动定时器时，定时计数器按减法计数或加法计数方式进行工作，并使一指示灯亮；当定时时间到，输出一脉冲，驱动音响电路工作，并使指示灯灭；定时计数器可由加/减计数器（如 74LS161）组成。

6. 解锁电路

当触发锁存电路被触发锁存后，若要进行下一轮的重新抢答，则需将锁存电路解锁。可将锁存电路的使能端强迫置 1 或置 0（根据实际情况而定），使锁存电路处于等待接收状态。

参 考 文 献

[1] 张豫．数字电子技术．北京：北京邮电大学出版社，2005．

[2] 朱清慧等．Proteus 教程．北京：清华大学出版社，2011．

[3] 张福强．数字电路分析与实践．北京：人民邮电出版社，2012．

[4] 李莉．电路与电子技术设计教程．北京：人民邮电出版社，2011．

[5] 江晓安．数字电子技术．西安：西安电子科技大学出版社，2012．

[6] 潘明，潘松．数字电子技术基础．北京：科学出版社，2008．